岡 山 文 庫

322

スポーツバイク岡山散走（おかやまさんそう）

松岡　淳
岡田宗明　著

日本文教出版株式会社

岡山文庫・刊行のことば

岡山県は古く大和や北九州とともに、吉備の国として二千年の歴史をもち、遠くはるかな歴史の曙から、私たちの祖先の奮励とそして私たちの努力とによって、現在の強力な産業県へと飛躍的な発展を遂げております。

小社は創立十五周年にあたる昭和三十八年、このような歴史と発展をもつ古くして新しい岡山県のすべてを、〝岡山文庫〟(会員頒布)として逐次刊行する企画を樹て、翌三十九年から刊行を開始いたしました。

以来、県内各方面の学究、実践活動家の協力を得て、岡山県の自然と文化のあらゆる分野の、様々な主題と取り組んで刊行を進めております。

郷土生活の裡に営々と築かれた文化は、近年、急速な近代化の波をうけて変貌を余儀なくされていますが、このような時代であればこそ、私たちは郷土認識の確かな視座が必要なのだと思います。

岡山文庫は、各巻ではテーマ別、全巻を通すと、壮大な岡山県のすべてにわたる百科事典の構想をもち、その約50%を写真と図版にあてるよう留意し、岡山県の全体像を立体的にとらえる、ユニークな郷土事典をめざしています。

岡山県人のみならず、地方文化に興味をお寄せの方々の良き伴侶とならんことを請い願う次第です。

はじめに

私は43歳のとき、面白半分に自宅のあった横浜から、勤務先の新宿までの片道42㎞を、自転車で通勤することを思いたった。そして、仕事帰りに、新宿のアウトドアショップで12万円のスポーツバイク（マウンテンバイク）を購入する。

サドルの高さを合わせ、意気揚々と自宅までの帰路を走りだした。東京の道路は夜でも明るい。はじめは快適だった。しかし、横浜市に入ったあたりで、首すじが痺れだし、ふくらはぎに細かい痙攣。——酸欠なのか、頭がボーッとしてきた。

なんとか自宅にたどり着いたが、心身ともにヘロヘロになっていた。

「甘かった…」内心、高価なスポーツバイクを買ってしまったことを後悔した。しかし、家族や同僚に、「長距離の自転車通勤を始めるぜ」と息巻いた都合上、あとに引けず、雨天を除く毎日4時間、意地で、往復80㎞強の距離を走り続けた。

1年後、岡山市内の企業に転職することになり、家族で岡山に引っ越すことになった。自宅は、1時間程度の自転車通勤ができる倉敷市にした。

それから退職するまでの16年間、４台のスポーツバイクを乗り継ぎ、往復38㎞の距離を走り続けた。休日の１００～１５０㎞のサイクリングも恒例となり、年間１万㎞をコンスタントに走っていたと思う。こうして、自転車通勤がきっかけでスポーツバイクの「面白さ」や「奥深さ」を知ることになった私は、趣味や競技を目的としない「スポーツバイク観」を持つようになった。

ママチャリを「普通の包丁」にたとえるならば、スポーツバイクは「すごく、よく切れる包丁」だ。「切ることが楽しくなる」「味がおいしくなる」「機能美がある」などよいことずくめ。しかし、その半面、「正しく使わないと、怪我をする」「ながく使わないと、元が取れない（高価）」などの使用する者の資質や、覚悟を求められる。

本書は、「よくきれる包丁」――スポーツバイクを、多くの人がママチャリのように気楽に、そして安全に使えるようになるための基本をまとめたものだ。

幹線道路を避け、交通量や信号が少ない道の「スイスイ走れるサイクリングコース」も掲載した。すべて岡山駅西口を発着地とした快適なコースなので、ぜひ走ってみてほしい。

「コロナ禍」を経て通勤電車の密集を避ける「自転車通勤」が増加した。食材配達サービスではスポーツバイクが大活躍。学生が通学の足にスポーツバイクを選ぶようになった。自転車利用を拡大する社会機運は全国的に高まってきている。スポーツバイクに関心をよせるすべての人に、本書が役に立つことを祈っている。

松岡　淳

謝辞

本書を出版するにあたり、資料掲載にご協力いただきました関係各位の皆様に感謝の意を表します。

（順不同・敬称略）

一般財団法人自転車産業振興協会
岡山県自転車防犯登録会
警察庁・都道府県警察
一般社団法人全日本交通安全協会
株式会社パールイズミ
株式会社ミノウラ
株式会社大創産業
国土地理院
cycle shop Freedom（岡山店）
BICYCLE PRO SHOP なかやま
サイクルZ
Bon Vivant（ボンビバン）
WAVE BIKES（岡山店）

○目　次／スポーツバイク岡山散走

第3章　スポーツバイクいろはの「い」

第4章　スポーツバイクいろはの「ろ」

第5章　スポーツバイクのメンテナンス

第6章　知っておきたい交通法規と交通マナー

カバー・本扉・本文写真：岡田雄磨
本文イラスト：拝御　礼
写真モデル：岡田雄磨

第1章
ママチャリとスポーツバイクはちがう乗り物

ママチャリとスポーツバイク

●ママチャリ（シティ車）

全国に約7千万台ある自転車の約60%が、日常の交通手段用の低中速車＝シティ車（日本工業規格）だ。シティ車には、「実用車」「軽快車」「通学車」「婦人車」など用途別の種類があるが、スペックに大きなちがいはない。「チャリンコ」「ママチャリ」とよばれることが多く、日本の自転車のスタンダードがこのタイプだ。

乗車姿勢

各部名称

特徴

重量	15〜20kg
素材	スチール、アルミなど
変速	1〜3速
価格	1〜5万円

ドロヨケ	標準装備
スタンド	標準装備
ロック（鍵）	O字ロック標準装備
ホイール脱着	工具要
エアバルブ	ほぼ英式

●スポーツバイク

スポーツ道具として開発・進化したものをスポーツバイクと呼び、主にレジャーやレースで使われることが多く、こちらも用途別に、「ロードバイク」「クロスバイク」「マウンテンバイク」「ミニベロ」「グラベルロード」などの種類がある。健康志向の高まりや自転車マンガの影響で、保有台数が急増し、全国の自転車の約14%を占めるようになった。

（一般財団法人自転車産業振興協会2018年度データ）

乗車姿勢

各部名称

〈拡大図14ページ参照〉

特徴

重量	7〜15kg
素材	クロモリ、アルミ、カーボンなど
変速	7〜33速
価格	5万円〜

ドロヨケ	オプション
スタンド	オプション
ロック(鍵)	オプション
ホイール脱着	工具不要(一部を除く)
エアバルブ	仏式、米式、英式

〈スポーツバイク拡大図〉

各部名称
サドル
ステム
シートポスト
（シートピラー）
トップチューブ
ドロップハンドル
フロントブレーキ
リアブレーキ
ダウンチューブ
リアタイヤ
シートチューブ
フロント
タイヤ
フロント
ディレイラー
スプロケット
クイック
レリーズバー
チェーン
ステー
チェーン
ホイール
チェーン
フロントホイール
リアホイール
ペダル
リア
ディレイラー
BB（ボトムブラケット）

はじめてスポーツバイクに乗ったとき

私がはじめて、スポーツバイクに乗ったのは、高校の「自転車同好会」に所属していた弟から、サイクリング車（スポルティーフ）の試走をさせてもらった19歳のときである。5分ほどの短い試走だったが、ママチャリでは経験できなかった新感覚が、次から次へと押し寄せてきたことを、今でもはっきり、おぼえている。

「ペダルに足をのせただけで前進したこと」「ペダルの回転に影響を与えない変速フィーリング」「軽いタッチで確実に減速するブレーキ」驚きの連続であった。ただ、サドルが高く、止まるときに転びそうになった。「走るだけならいいけど、取り扱いは大変そうだな…」

そもそも、「日常の足」である自転車を趣味にする気持ちになれなかった。繊細な世界を垣間見て、勝手にハードルをあげてしまったようだ。

共著の岡田氏（サイクルZ店長）が、開催している「初心者講習会」の参加者に、はじめてスポーツバイクに乗ったときの感想をアンケートしたところ、その走行性能に驚く声は世代を超えて共通であった。46年前の私と同じで。

10～20代
「サイコー」「ママチャリとは別物」「おもしろい」など
30代～40代
「スピードがでる」「軽快」「長距離を走りたい」など
50代～60代
「軽い力でよく進む」「風景を楽しめる」など

乗れば、だれでもすぐわかるママチャリとスポーツバイクはちがう乗り物なのだ。

ところが、こども用自転車からはじまり、通学、通勤と長年乗り継いできたママチャリの乗り方でスポーツバイクに乗っていることに気づかないビギナーが非常に多い。そのため、スポーツバイクの本来の性能をだしきれないばかりでなく、尻や首すじに不快な痛みがでてしまうことになる。スポーツバイクにはスポーツバイクの乗り方があるのだ。

第2章

スポーツバイクを買う

購入候補を決める

●フレームサイズ

フレーム（自転車の骨組み）にはライダーの身長に合わせたサイズがある。前傾姿勢をとるスポーツバイクは、直立姿勢のママチャリと比べるとフレームサイズは重要な要素。サイズが合わないフレームを選んでしまうと、首や肩、腰や膝に負担がかかり安全快適に走ることができないばかりか、怪我に繋がる場合もある。

●フレームサイズはシートチューブの長さ

シートポスト（シートピラー）を差し込んでいるフレームチューブのことをシートチューブと呼ぶ。（14ページ参照）フレームサイズは一般的にこのシートチューブの長さを表している。

●フレーム形状は大別すると2種類

一番上にあるフレームチューブのことをトップチューブと呼

ぶ。（13ページ参照）

20世紀末まではトップチューブが地面と水平（ホリゾンタル）のフレームが常識だった。しかし、フレーム素材や製造技術の進化を経て定着したトップチューブが後傾している（スローピング）のフレームが現代のスタンダードになっている。

●メーカーやモデルによって異なるスローピングの角度

現代のスタンダードとなったスローピングフレームだが、スロープの角度はメーカーやモデルによって様々だ。角度が異なれば、シートチューブ（フレームサイズ）やトップチューブの長さも異なるため、適正サイズの目安にならない。

そこで、共通基準になる値として水平（ホリゾンタル）換算した仮想のトップチューブの長さを目安にする方法が一般化してきた。（下表）

しかし、ネットでトップチューブ長を発表しているメーカーやバイヤーは少なく、トップチューブ長がわからない場合が多い。トップチュー

スローピングフレーム

トップチューブが後傾

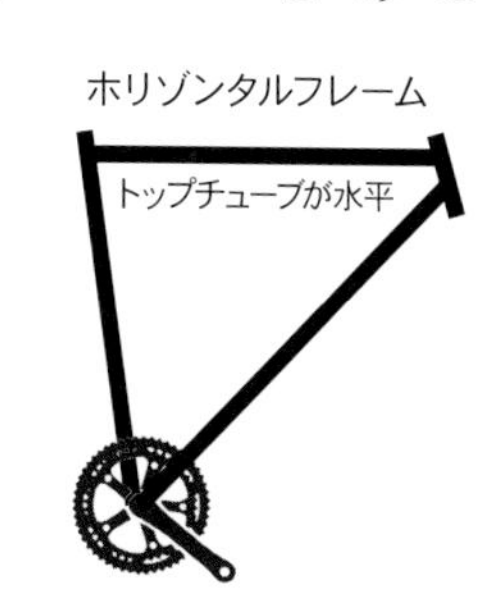

ブ長の記載があるカタログをショップやホームページで入手しよう。

●乗り方が変われば、ベストサイズも変わるもの

はじめてのバイク選びでフレームサイズは重要な要素なのだが、あまり神経質になることはない。そもそもはじめての1台は汎用性のあるサイズを選び、少しずつ微調整しながら車体との親和性を高めていくもの。この作業自体を楽しむこともスポーツバイクの魅力のひとつだ。乗り方が変わればベストなサイズも変化していくので、極端なサイズの違いがなければ、大した問題はない。

●ネット情報だけで、購入候補を絞らない

ネットではキーワード検索した情報結果から消去法で購入候補を絞る手順が一般的。

だれにも相談することなく、情報探索する作業は楽しい。しかし、一旦、候補を絞ってしまうと、次からは自分が選択した

身長(cm)ホリゾンタル換算のトップチューブ長(mm)

身長(cm)	トップチューブ長(mm)
155～160	490～510
160～165	510～525
165～170	525～535
170～175	535～545
175～180	545～560
180～185	560～

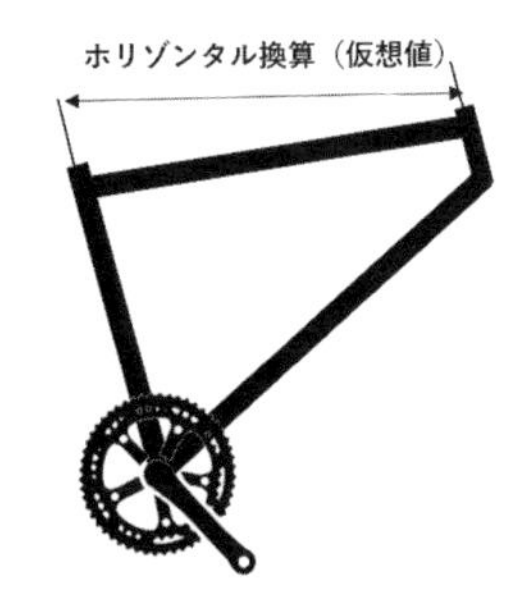

結果を正当化する情報ばかりを集め、ネガティブな情報は無視する傾向がある。心理学で「確証バイアス」とよぶ行動傾向なのだが、冷静な判断ができなくなってしまう。

実走経験がないビギナー（初心者）は「色やデザイン」、「ブランドストーリー」といった商品イメージで「確証バイアス」が働く。

イメージだけの情報で「はじめの1台」を決定することは賢明ではない。もっとも重要なことはイメージではなく、機能性と適正価格のバランスなのだ。

●スポーツバイクショップに行こう

ビギナーにとって機能性と適正価格のバランスを見極めることは難しい。

また自分がどのジャンルのスポーツバイクが欲しいのか明確でないことも多い。間違いない選択をするためにはスポーツバイクショップに行くことだ。

スタッフに「はじめの1台を探している」と相談してみよう。彼らはフレームやパーツの信頼性、コスパ、実走感など、販売や修理の経験から知り得たリアルな情報を持っている。ネットでは得られない貴重な情報が得られるのだ。

試乗車があれば試乗させてもらおう。複数の試乗ができればさらによい。

※コスパ：コストパフォーマンス（費用対効果）

試乗できなくても、サイズ選びの基準になるホリゾンタル換算のトップチューブ長（20ページ参照）をスタッフに教えて（実測して）もらおう。

●フレーム素材にこだわらない

現在のスポーツバイクのフレームはクロモリ、アルミ、カーボンの3種類の素材に大別でき、それぞれ特徴がある。

〈クロモリ〉

スチールにクロムとモリブデンを加えたフレーム素材。3種類の素材の中では最も歴史のある伝統的な素材だ。耐久性があり、修理も可能だが、アルミやカーボンと比較すると重量があるため、現代のロードレース界では主流を退いている。

〈アルミ〉

広い分野で活躍しているおなじみの金属。21世紀になって本格的に自転車フレームに採用され進化を続けているフレーム素材だ。軽量かつ高剛性を比較的安価に実現できるため、世界中のスポーツバイクに使われている。

〈カーボン〉

炭素繊維で強化したプラスチック樹脂で作るため、設計の自由度が高いフレーム素材だ。F1や宇宙開発などの先端分野での技術開発を背景に、現代のロードレース界の主流となっている。強度や重量を自由に設計できるため、日進月歩の進化を続けている。高価格がネックだったが、最近は比較的安価で高品質なモデルも登場してきている。

さて、どの素材を選べばよいのであろうか。——答えは、フレーム素材にこだわらず、実走感（試乗できない場合はスタッフに尋ねる）で選べ」である。

「クロモリは重い」「アルミは振動吸収性が悪い」など画一した情報に惑わされないでほしい。持つと重いクロモリの車体でも走ると軽いモデルはいくらでもある。振動吸収性が一番よくわかるパーツはフレームではなく、タイヤと空気圧なのだ。

●完成車を選ぶ

「はじめの1台」は、販売実績のあるブランドのビギナー向けの完成車（そのままの状態で、乗車可能な自転車）を選ぼう。

ビギナー向けの機種は万人向けに開発されているので、耐久性があり、コスパも高い。中古車としての市場性も高いので、転売しやすい。2台目購入の下取り車になるなど、実にメリットが多い。

はじめの1台はどのジャンル
スポーツバイクカタログ

ロードバイク（エントリーモデル）

オンロードを「速く」、「遠く」に走るために最適化されたスポーツバイクだ。世界的に有名なツール・ド・フランスなどのプロレースで培ったテクノロジー(技術)が、設計にフィードバックされている。ビギナー向けのエントリーモデルから始めよう。

クロスバイク

郊外や都市部の中短距離を快適に走るためのスポーツバイクだ。ストレートハンドルは万人向け。半面、だれでも簡単に乗れてしまうので盗難被害が多い。

ミニベロ

20インチ以下のタイヤを装着した「みためカワイイ」スポーツバイク。小径タイヤの特性で加速がよいためストップ&ゴーが多い都市部で活躍する。ストレート、ドロップ、ブルホーンなどのハンドルバリエーションがあり、個性的なモデルが多い。

※ストップ&ゴー：頻繁な停止・発進

グラベルロード

オンロード+グラベル（砂利道）を快適に走るため、太目のタイヤ、ディスクブレーキなどを装備している。荷物を積んでキャンプにでかける、通勤通学の足にするなど、日常と非日常を1台でこなす万能スポーツバイクだ。

MTB（マウンテンバイク）

オフロード走破を目的として設計されたスポーツバイク。細かなハンドル操作ができるストレートハンドル、グリップ性能を高める幅広のブロックタイヤ、悪路のショックを吸収するサスペンションなどを装備している。舗装路がメインであれば重量が軽く、価格も安いハードテール（リアサスがないモデル）を選ぼう。

※サスペンション：車体懸架装置（車輪の上に車体を支持、道路からの衝撃を吸収する装置）

必要な装備品

フロアポンプ
空気圧管理はメンテナンスの基本。ショップと相談し、コスパに優れたモデルを選ぼう。

サイクルベル

ヘッドライト
400ルーメン以上の光量を選ぶと安心

テールライト
赤または橙色以外はNG

ヘッドライト、サイクルベル、テールライト（または反射板）がないと整備不良車とみなされるので注意

給水ボトル
1本しかないときはスポーツドリンクではなく水を入れておく。首すじなどにかけて熱中症対策、感染防止の手洗いなどに使える。

ボトルケージ

頭と体をまもる

アイウエア

グローブ

ヘルメット

トラブルにそなえる

ワイヤロック

台所洗剤（中性）
油汚れがよく落ちる。感染防止の手洗いにも使える。小分けして携帯しよう。

携帯工具

携帯ポンプ

予備チューブ

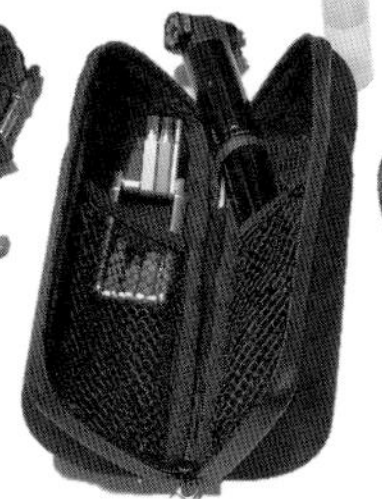

ゴム手袋
修理時に使用。使い捨てがよい。

タイヤレバー

ツールバッグ

防犯登録と保険

●防犯登録

スポーツバイクを購入したときに必ず行う手続きが「防犯登録」だ。放置自転車の所有者特定や、盗難・遺失の際の早期発見を目的としている。この登録手続きは法律によって義務づけされており、岡山県は、「岡山県自転車防犯登録会」が実施、登録データを岡山県警が管理・運用をしている。登録料は750円。（2021年1月現在）ショップで手続きの代行をしているので加入は簡単だ。

登録すると「自転車防犯登録カード」「ステッカー」が発行される。紛失に備え、両方の画像をスマホなどに保存しておくとよい。なお、この登録データは都道府県単位での運用なので、岡山県外に移動する際は抹消登録を行い、移動した都道府県で新規登録を行う必要がある。

岡山県自転車防犯登録会のホームページ参照 https://www.bouhan-touroku.com

自転車防犯登録カード【提出用】 〈甲票〉

防犯登録番号	01P00001	登録年月日	20　年　月　日
郵便番号 postcode	－		
住所 市区町村名 丁番地号			
住所 建物名 部屋番号			
所有者 name		【備考欄】	
ふりがな kana			
電話番号 phone No			
誕生日 birthday	月　日	盗難などの際、登録データ照会時に必要です 必ずご記入ください	
車体番号			
登録所コード		メーカー	インチ
車種	軽快車　折りたたみ　ミニサイクル　電動アシスト　スポーツ　その他（　）		
カラー（系）	黒　白　シルバー　赤　青　茶　緑　黄　その他（　）		

岡山県公安委員会指定　岡山県自転車防犯登録会

出典：岡山県自転車防犯登録会

自転車防犯登録

01P00001

防犯登録会・岡山県警察

（イメージ）

●保険

（2021年1月現在）

保険会社	商品名	賠償額	保険料
損害保険ジャパン	サイクル安心保険	1億円	1、670円／年～
楽天損害保険	サイクルアシスト	1億円	3、000円／年～
東京海上日動	eサイクル保険	1億円	4、560円／年～
三井住友海上	ネットde保険＠さいくる	3億円	3、990円／年～

公道を走る車やオートバイは自賠責保険（強制保険）の加入が法律で義務づけられているが、自転車は賠償保険に加入していなくても、公道を走ることができる。しかし、昨今、自転車と歩行者の衝突で歩行者が死亡するなど、高額な補償金額が請求される事例がたびたび報道され、各自治体では条例等の制定による義務化が加速している。現在、岡山県全体の義務化はまだだが、岡山市が2021年4月1日から義務化を開始した。なお、義務化している県や都市でサイクリングする場合も加入が必要だ。

全国レベルの義務化もそう遠くない将来、最低でも1億円程度の対人賠償保険に加入すべきであろう。

「自転車保険」でネット検索すると価格などが比較できる。自分に合った保険商品を探してみよう。また、「自転車保険」以外の「自動車保険」や「火災保険」などの特約（オプション）で対人賠償保障が付加できる商品もある。確認しておこう。

第3章
スポーツバイクのいろはの「い」

ビギナー（初心者）のフィッティング

●フィッティングとは

自分の体と車体の親和性を高める調整作業をフィッティングという。具体的には体と車体が接しているサドル、ハンドル、ペダルの3カ所の位置を調整し、自分の体に合わせる作業のことだ。

※ビンディングペダル（靴底固定ペダル）を使わない場合はサドルとハンドルの2カ所のみ

●ビギナーのフィッティング（初期設定）

サドルとハンドルの位置は標準となる初期設定がある。この位置を基準にしてサドルとハンドルの高さを調整するのだ。

実走経験が少ないビギナーのときは、この初期設定でしばらく乗り込む。そして、体と車体の状態を観察する習慣を身につけよう。

〈準備する工具〉

・ボルト穴が6角形だったら六角レンチ、星形だったらトルクスレンチ

・水準器（スマホのアプリや、百円ショップで入手できる）

〈サドルの高さ〉

①踏み台（イス）を用意し、水平な場所で車体にまたがり片足を踏み台にのせて車体を支える

②座骨がサドルの広い場所にくるようにして座り、車体を支えていない方のペダルを一番下にして踵を乗せる

③ペダルに踵を乗せた膝が伸びきる位置にシートの高さを調整するこの高さで踏み台を外したとき、両足のつま先が着地していれば、初期設定完了。片足しか着地できなかった場合はサドルの高さを5ミリ下げる。

〈サドルの角度〉

水平になるように水準器で水平を確認。ボルトを締めると角度が変わることがあるので締め終わりが水平になるようにする。

膝が伸びきる高さに調整

両足のつまさきだけ着地

〈ハンドルの高さと角度〉

・高さ

はじめてスポーツバイクに乗る現段階では、納品時の高さのままでよい。

・角度

ステムとハンドルを固定しているクランプの固定ボルトを緩めることで取り付け角度を変えることができる。

ドロップハンドルの場合はブレーキレバーのブラケットが水平になる位置に設定する。

サドルは水平が基本

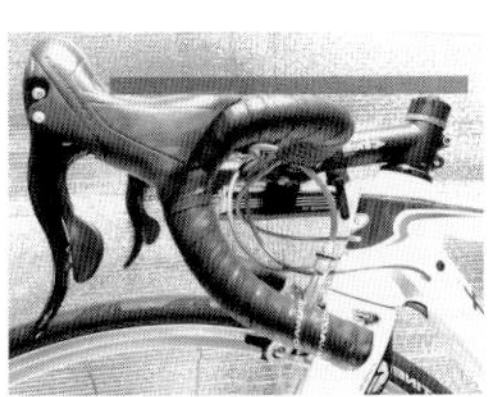

ドロップハンドル
ブラケットを水平に

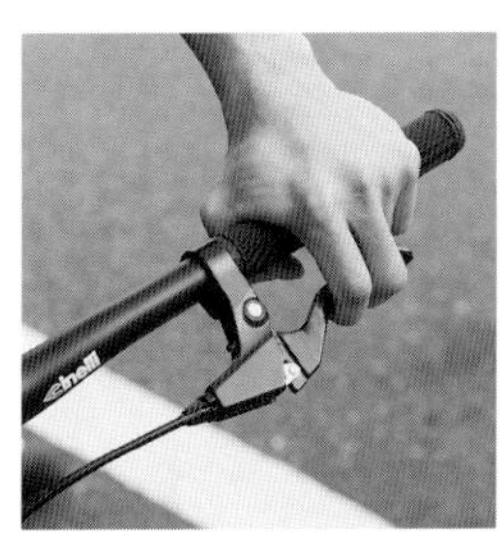

ストレートハンドル
ブレーキレバーを手首に負担のない位置に

ストレートハンドルの場合は手首に負担がかからないブレーキレバーの位置に設定する。

●固定ボルトは適正トルクで締める

スポーツバイクのボルトを締める場合、パーツをしっかり固定できて破損させない「適正トルク」が設定されている。（例・・シートポストの締付トルク↓5Ｎｍなど）そのため、トルクを計測しながら締付作業を行う工具としてトルクレンチが必要なのだが、高価な工具なので一般ユーザーが所有するには勇気がいる。頻繁に組立・分解を行わないのであれば、購入する必要はない。

トルクレンチがなくても適正トルクに近いトルクで締付作業ができる方法がある。納品時のトルクを手指で記憶するのだ。

①レンチをセットして半回転（＝１８０度回転）だけ、ボルトを緩める
②元の位置まで（半回転）締め直す。このときの手指にかかるトルクをおぼえる
③ボルトを締めるときは②でおぼえたトルクで締める
※感覚的な方法なので、確実ではないが実走中にシートポストなどを調整するときに使える方法だ。

乗車前点検

●点検項目と点検方法

乗車する前に行う点検項目と点検方法を紹介する。点検で異常を見つけたら、ショップに相談し、原因とリスクを知り、必要な場合は修理しよう。原因とリスクを理解しないまま、いい加減な対応で済ませていると大事故になりかねない。

①全体の「ガタ」

ハンドルとサドルを持ち10㎝程度の高さから車体を落下させて「ガタ音」「振動」をみる

②ヘッドパーツの「ガタ」

前後ブレーキをかけたまま、車体を前後に揺すり、「ガタ音」「振動」をみる

③ハンドル、ステムの固定

前後ブレーキをかけたまま、車体を前後に揺すり、「ガタ音」「振動」をみる

④ブレーキの利き

前後ブレーキを引ききってハンドルにレバーがつかないことをみる／ブレーキ本体が「かたぎき」していないかをみる

ディスクブレーキの場合は、パッドの摩耗やディスクの変形、異音の発生の有無をみる

⑤サドル、シートポストの固定

フレームの上部（トップチューブ）を片手でつかみ、もう一方の手でサドルを押さえ、前後左右に力を入れて動かないことを確かめる

⑥クランク、BBの「ガタ」

左右のクランクを持って前後に揺すり、「ガタ」をみる

⑦ホイールの「ガタ」

片手でハンドルやサドルを押さえ、もう一方の手でタイヤを前後左右に動かし、「ガタ」をみる

⑧ホイールの「フレ」

タイヤを地面から離し、進行方向に手で回し、ブレーキパットが当たってないか、リムに「フレ」がないかをみる
大きく「フレ」が出ている場所はスポークが折れている可能性が高い

⑨クイックレバーの固定、レバーの位置

適正なトルクと正しい位置でクイックレバーが止まっていることを確かめる
適正トルクと正しい位置は、ショップで聞こう

⑩タイヤの空気圧、パンクの有無

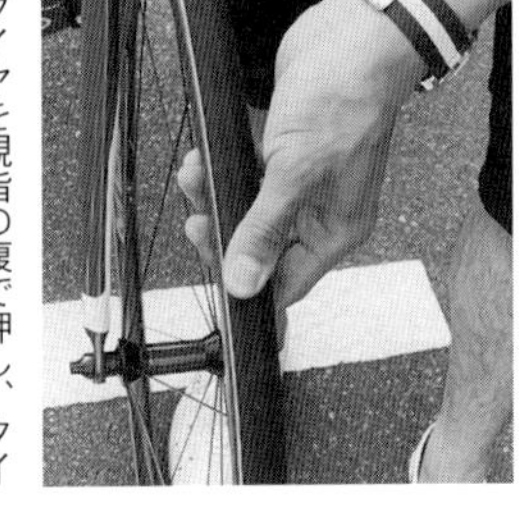

タイヤを親指の腹で押し、タイヤ表面がへこまないかをみる
空気圧が極端に減っていたら、パンクの可能性が高い

⑪変速装置、チェーン

後輪を浮かして、すべてのギアに変速できるかを確かめる。シフトダウン、シフトアップの両方の操作を行う。チェーンとフロントディレーラー（前ギアの変速装置）のガイドが接触していないか、スプロケット（後ろギア）が歯飛びしていないかをみる。チェーンオイルが乾いていないか、チェーンに著しい汚れがないかをみる。

車体の置き方

●スタンドがないのがスタンダード

ママチャリに標準装備されているスタンドが、スポーツバイクには装備されていないモデルが多い。その理由はスポーツバイクが生み出された目的「最小エネルギーで、最大スピードを発生させる」からきている。少しでも速く走るために、スタンドの重量は邪魔になる。フレームも速く走るために強度が必要な部分以外は、徹底的に軽量化されている。

スタンドは後付けすることもできるが、スタンドを取り付けるシートステーやチェーンステーの強度がママチャリのように強くないため、場合によってはフレームを破損しかねない。スポーツバイクはスタンドなしが標準なのだ。スタンドがない場合は壁やフェンスに立てかけて置くことになる。その場を離れるときは地球ロック（建造物にループロック）すると盗難リスクは下がるが、ガードレールや標識ポールは公共物であり、そもそも自転車を停めてよい場所ではない。店舗のフェンス等も所有者からすれば無断使用となり、よい気分ではないはずだ。地球ロックは、自転車を停めてよい場所（駐輪場等）での短時間の駐輪にとどめるなど、節度と配慮が必要なのだ。立てかけるときの注意点は、壁やフェンスとの接点を2カ所（例：ハンドルとリアタイヤ）にすることだ。1カ所のみだと車体は安定せず転倒リスクが高くなる。

●**寝かせて停める**

周囲に壁やフェンスがない場所は寝かせて停める。変速装置が上側になるように寝かせ、下側のペダルを12時の位置にし、ハンドル、ペダル、サドルが接触するように置くと安定する。駐車場や通路などを占領しないよう配慮すること。

変則装置を上側に

またぐ動作

●サドルが高い

サドルの高さを調整すると、ママチャリのようにそのままサドルをまたぐ動作ができなくなる。サドルが高いスポーツバイクのまたぎ方を習得しよう。

①両手でハンドルを持ち、車体の左側に立つ
②車体を30度程度、左に傾ける
③サドルの後方から右足をまわし、サドルに座らず、トップチューブをまたぐ
④トップチューブをまたいだ姿勢で、車体を垂直にもどす
※走り出すまでは、サドルに座らない。停車のときも、停止する前にお尻をサドルからトップチューブにおろしておくとあたふたしない。

こぎだし動作

●クロックポジション

対象物の位置や方向などを時計の短針に見立てる表現をクロックポジションという。ペダルの位置もクロックポジションで表現するとわかりやすい。例えば右ペダルの位置が真上ならば「12時」、真下ならば「6時」といった具合だ。※図は1時の位置

図1

●こぎだし動作

①トップチューブにまたがったまま、右足を右ペダルに乗せ、クランクを2時の位置にする。両ブレーキをかけ、ペダル位置が動かないようにする。（左足はペダル前方に着地）

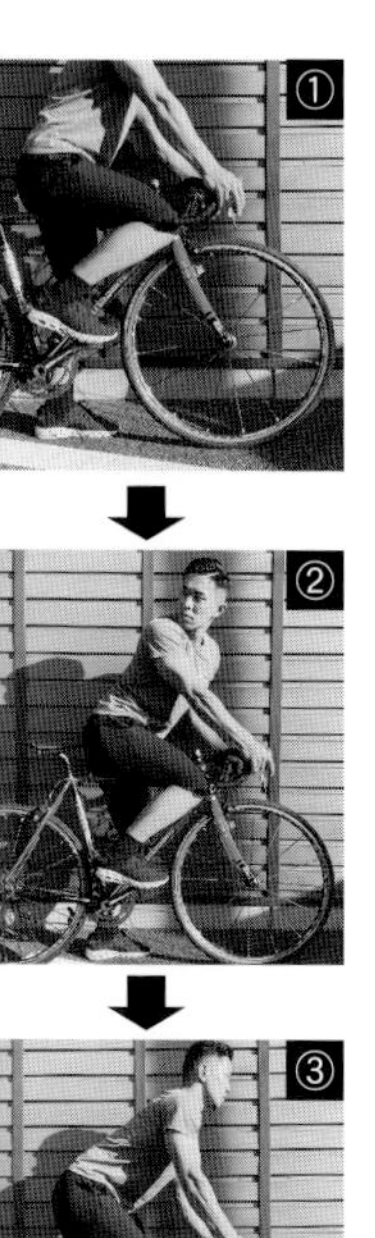

②後方確認をして、ブレーキを解除すると同時に、2時の位置にある右足を踏み込む。(階段を上がるときのように右足に重心を移すイメージ)
③速度がついて車体が安定してから、サドルに座る。
※視線は前方の遠くに置くこと。ペダルや足先を見ると車体がふらつき、うまくいかない。

止める動作

●前後輪のブレーキは同時にかける

①止めたい場所に視点を置き、前後輪のブレーキを同時にかける。「後輪ブレーキを先にかける」は間違い。
②減速中はしっかりサドルに座り、後輪の加重を抜かないこと。右足が2時の位置にきたところで、ペダリングをやめ、左足だけを着地させて一時停止。
③ハンドルを後ろに引くと、お尻がトップチューブに移り、両足がしっかり着地する。

変速する

●変速段数

スポーツバイクのカタログに記載してある変速段数とは前歯車（チェーンリング）の枚数と後歯車（スプロケット）の枚数を乗じた数のこと。前が2枚で後ろが11枚ならば、2×11＝22段、前が3枚で後ろが8枚ならば3×8＝24段だ。

●ビギナーによくある間違った変速操作

【その一】

外側（アウター）のチェーンリングで一番軽いギア（ローギア）にいれる。または内側（インナー）のチェーンリングで一番重いギア（トップ）にいれる。

前者を「アウターロー」、後者を「インナートップ」とよび、どちらもチェーンのななめがけの角度が大きいため、摩擦力が増加して駆動効率が落ちる。またパーツの摩耗が早くなるなど、よいことはひとつもない。「アウターロー」と「インナートップ」になる操作は

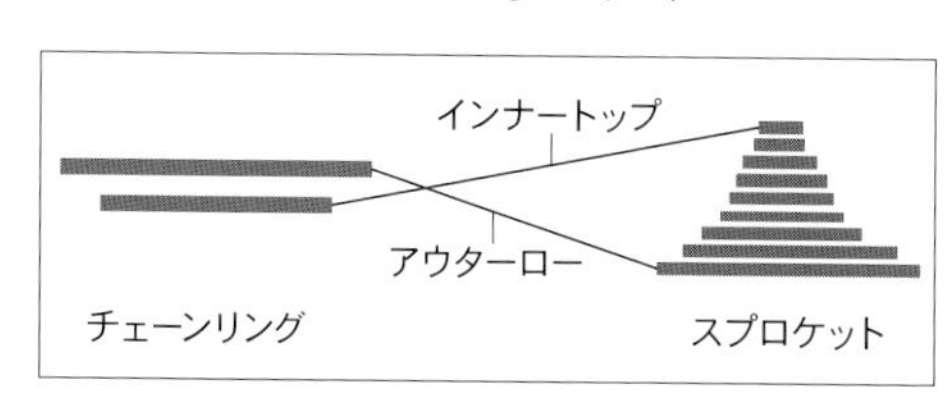

しないこと。なお、電動シフトではフロントディレイラーが自動で最適な位置に動き、ななめがけの影響　を少なくしているので例外だ。

【その二】

疲れがないうちは、重いギアを使い、疲れてきたら、軽いギアにして筋肉の回復を待つ。重いギア踏むときは「よっしゃー」と気合が入って気分が高まるもの。しかし、数分で心拍数は上がり、太腿の前側の筋肉（大腿四頭筋）が引きつってくる。重いギアばかりを使っていると三日でスポーツバイクが嫌いになる。

速く走りたいときは重いギア、疲れたときは軽いギアという認識をリセットし、ペダルの回転数に注目しよう。

1分間のペダルの回転数を「ケイデンス」とよぶ。1分間で60回転したならケイデンス＝60ａｐｍ、90回転ならば、ケイデンス＝90ａｐｍだ。ケイデンスを一定に保つと慣性力等の働きで筋肉や心肺機能の負担を少なくできる。

なるべく同じケイデンス数で走り続けるために、変速操作をしているのだ。重いギアでは筋力を多く使うが、心肺機能は楽になる。その反対に軽いギアでは筋力の負担は少ないが心拍数は上がる。筋力も心肺機能も長く持続できるケイデンスは人によって違うが、だいたい80～90ａｐｍをキープするのがよいとされている。変速のタイミングはケイデンスの維持で判断しよう。

【その三】

スタートは軽いギアからこぎはじめ、スピードにあわせてシフトアップしていく。

ケイデンスを一定に保つという狙いからすると間違っていないように思えるが、加速中の変速操作をスムーズに行うことはかなり難しい。摩擦抵抗（フリクションロス）の発生や、シフトミスの可能性も高くなる。自転車の変速はクルマのように加速中に何段もシフトチェンジをすることはムダになるだけである。

ギアは変えず、「ちょっと頑張る」「立ちこぎ」などで加速しよう。

第4章
スポーツバイクのいろはの「ろ」

脱ビギナーのフィッティング

●ペダリング効率を上げよう

32～35ページで行った初期設定は、ビギナーがスポーツバイクの取り回しに慣れることと、フィッティングの基準を決めることが目的であった。しかし、ビギナーのフィッティングは、ペダリングに不要となる過度な力をうまく抜くことができず、重心位置も後ろになりがち。操作に慣れたら次のステップ「脱ビギナーのフィッティング」に進もう。

●脱ビギナーのフィッティング

〈サドルの高さ〉

33ページで設定した「両足のつま先だけ着地」の初期設定から5～10ミリ高くし、「片足のつま先だけ着地」の状態にする。

〈サドルの角度〉

多くの場合、初期設定（水平）のままで問題ないが、1度～2度の範囲で「前下がり」と「後ろ下がり」にして実走してみよう。水平よりしっくりくる角度が見つかる場合がある。※

実走する場合は平坦路だけでなく、坂道も試すこと。

〈ハンドルの高さ〉

納品時の高さから10～20ミリ低くするのが一般的。

ハンドルの高さを変更する作業は、正確な締めつけトルクや、注意しなければならない作業手順がある。また、様々なパーツの寸法、リーチ(腕の長さ)、股関節の柔軟さ、体形などの要素が相互に関係してくる。「高さを変えない」、「ステムの長さを交換」など答えは様々なので、ショップとよく相談しながら進めてほしい。

●フィッティングの心得

・一度に複数の箇所を変更しない

例えばサドルのフィッティングで確認した実走感が、高さの変更によるものなのか、角度の変更によるものなのかがわからなくなってしまうからだ。「変更箇所は一作業につきひとつ」を守り、実走感とシンクロさせながら進めよう。

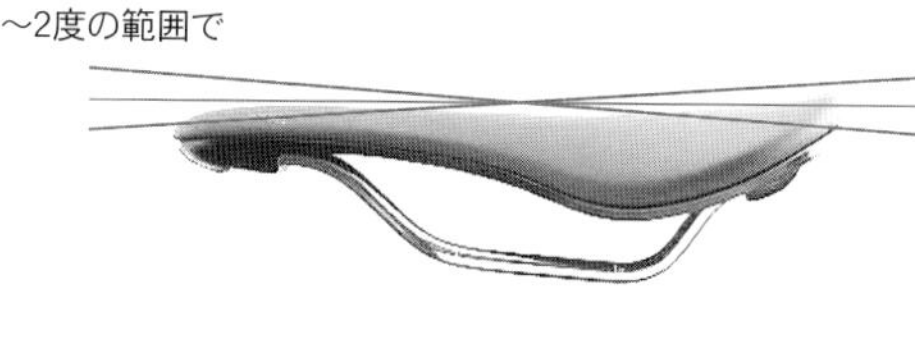

・「ベスト」でなく、「ベター」な位置に調整する

平坦路で「ベスト」なフィッティングは上り坂では「ベスト」にならない。またサドルの高さ変更でよくあることだが、ウエアやシューズが変わると「ベスト」な位置は変わってしまう。

条件が変わる日常使いでのフィッティングは「ベスト」でなく、「ベター」な位置に調整しよう。

・実走するときは安全な場所で

実走中は車体の挙動や体の状態を観察することに集中するので、周囲への注意がおろそかになる。安全な場所で行うこと。

上り坂の重心移動

●重心を前上方向に移動させる

平坦路の重力は真下に向いて地面を押しているが、上り坂になると、「後ろ向きの力」と「地面を押し付ける力」に分かれてしまう。上り坂で前に進むためには、「後ろ向きの力」の反対方向に新たな力を追加しなければならない。重心移動を意識して上り坂にチャレンジしてみよう。

●重心を前上にする動作のコツ

勾配が5%以下の短い距離の上り坂で、平坦路のギアより2~3枚軽いギアで練習する。

①平坦路と同じ姿勢で一回、上ってみる

②次に、上半身を傾斜に合わせて起こし、サドルの少し前側に座って上ってみると重心を前上にした②の方が、楽に上ることが実感できる

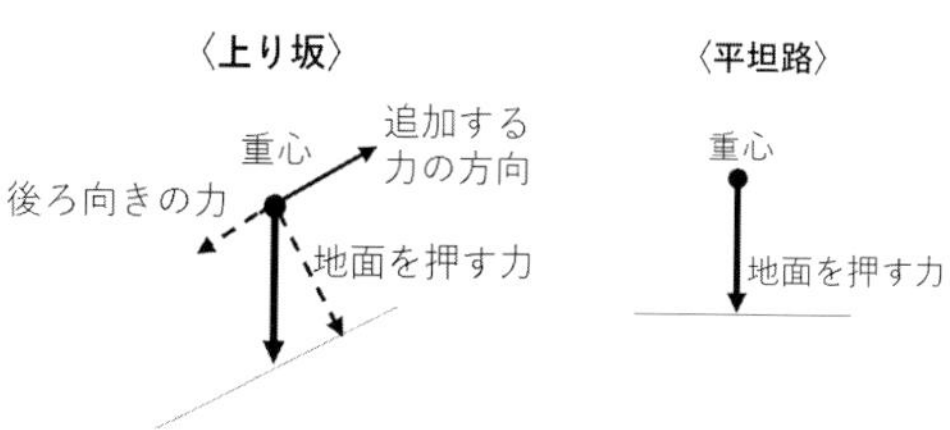

その都度、上半身を傾斜に合わせることは面倒なので、こんな方法もある。
①加速して上り始め、途中で立ちこぎする
②立ちこぎで4～5回ペダリングしてからサドルに座ると斜度に適応した重心に移動できているはずだ

安全な下り方

●頭の位置を低くする

スピードがでる下り坂では転倒リスクがつきものだ。特に頭部へのダメージは避けなければならない。頭の位置を低くして位置エネルギーを減らそう。

〈ストレートハンドルの場合〉

・サドルの後ろに座り、腕を曲げて頭を低くする

・上目づかいを強くする

・クランク位置を2時ぐらいにして両足の荷重はフラット

〈ドロップハンドルの場合〉

・下ハンに持ち替え、サドルの後ろに座り、腕を曲げて頭を低くする

・上目づかいを強くする

クランク位置を2時ぐらいにして両足の荷重はフラット

下りのフォーム（ドロップハンドル）

※フラット：平らに

コーナリングのコツ

●コーナーに入る手前

クランク位置は2時ぐらい。両足の荷重をフラットしてブレーキング開始。

●コーナーの入口

自転車は見た方向に進むため、コーナーの出口方向をしっかり見る。曲がる側の腕（肘）を伸ばすことで倒しこみのきっかけをつくる。

●コーナリング中

コーナリング中に前ブレーキをかけると、自転車は起き上がってしまう。微妙なスピード調整は後ろブレーキの「あて効き」（ペダリング中に軽くブレーキをあてる操作）で行う。

●コーナー出口

後ろブレーキの「あて効き」を解除し、ペダリングを開始、加速しながらコーナーを抜ける。

●コーナリングのコツを習得する方法

空き缶やボトルなどをマーカーにして、「8の字走行」するとよい。慣れるまでは舗装路でなく、草地や砂地で行う方が安全だ。慣れてきたら、舗装路、砂利道、緩斜面など、路面の状態を変えてやってみよう。旋回中の体の使い方を体感できる。

〈準備するもの〉

・マーカー（ボトルや紙コップなど）を2個用意する
・車体2台分（3～4ｍ）の間隔でマーカーを設置する

〈ライン取り〉

①マーカー（目印）に近い「イン」から進入し、マーカーから遠い「アウト」に抜けるラインで行う
②「アウト」から進入し、「イン」に抜けるラインで行う
③最後に①②を交互に行うラインで行う

〈留意点〉

・ビンディングシューズは使わず、普通のシューズで行う

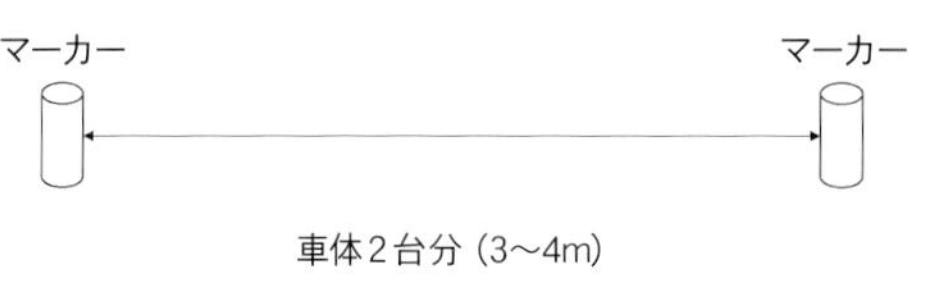

車体2台分（3～4m）

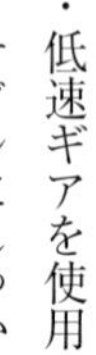

・低速ギアを使用
・サドルにしっかり座る
・マーカーの半分まできたら、すばやく次のマーカーに目線を移す
・リアブレーキを「あて効き」させて、スピード調整
・コーナー途中は、フロントブレーキは使わない
・ドロップハンドルの場合は、下ハンも試す

①「イン」から「アウト」へ

②「アウト」から「イン」へ

③「イン」から「アウト」
「アウト」から「イン」へ

※下ハン：ドロップハンドルの下側を持つこと

ロングライド（長距離走行）

●ロングライドのイベント

ロングライドのサイクルイベントの代表的なものに「ブルベ」がある。開催者がルールを守ってゴールした者を認定（仏語でブルベ）することからその名がついた。

レースのようにタイムや順位は競わない。主催者が事前に公表したルートのチェックポイントを通過しながら、制限時間内でゴールすることをめざす。

天候や地形を読み、体力や体調を管理しながら自らの判断で行動することが求められる。自己完結の達成感がこのイベントの醍醐味だ。

ブルベの中でもっともメジャーな規定（ＢＲＭ）が定めている最短ルートは２００㎞（制限時間13・5時間）で少し努力すれば、多くの人が達成できるゴールになっている。

本書では夜間走行を含まない（行動時間8時間以内）を想定したロングライドを考えてみる。

●はじめてのロングライド

【2時間連続走行→10分休憩→2時間連続走行】

はじめてのロングライドで試してほしいライドプランだ。走行中の平均速度が時速15㎞であれば、60㎞の距離を走ることができる。そして走行後、「首や肩などに痛みがでたか」「定期的な給水はできたか」「翌日以降、筋肉痛になったか」などをチェックする。

「当日、体の一部に痛みがでた」「走行しながら給水できなかった」「翌日以降に筋肉痛がでた」このようなことがあったら、ショップに相談し、場合によってはフィッティングを変更するなどの対応をしよう。そしてこの60㎞ライドで問題を解消できたら、次のライドプランだ。

【2時間連続走行→10分休憩→2時間連続走行→40分ランチ休憩→2時間連続走行→10分休憩→2時間連続走行】

少しペースが落ちることを想定しても１００㎞超の走行距離だ。

走行後60㎞ライド同様に体のチェックを忘れずに行うこと。

うまく走ることができると体に痛みはない。まるで天然温泉に入ったような心地よい疲れが全身を包み、眠くなる。「ロングライド温泉」と呼びたい。

●無理は禁物、現代人の悪い癖

仕事や競技では目標達成のために粉骨努力する姿勢が尊ばれる。そのせいで我々はなにをするにも目標を高く設定しがちだ。実走経験が少ない時期にいきなり１００km超のロングライドに挑んだり、目標の距離を走りきることだけしか念頭になかったりするのはそのためだ。皮肉なことにロングライドでさえ、近道を探そうとしてしまうのが現代人である。

「ゆっくり、無理せず」がロングライドを楽しむ秘訣だ。

楽しく走っているうちに設定した距離に達する。そんなライドが一番よい。

●できれば単独で

ロングライドは自己完結性の高い行為なので単独で行う方がよい。

身体能力や考え方は人それぞれ。しかし、2人以上になると協調性が自己を閉じ込め、周りの人に合わせようとするのだ。結果、どこかお互いが無理をすることになる。単独でない場合は、経験者が的確にアテンドする、家族や親友だけにするなど、工夫してほしい。

※アテンド：世話をする、案内する

第5章
スポーツバイクのメンテナンス

保管方法

●室内で保管しよう

スポーツバイクは必ず、室内で保管しよう。たとえエレベーターのない5階の部屋に住んでいても、室内まで連れていくべき理由がある。

〈屋根付き駐輪場やカーポートの保管〉

①雨は防げても、排気ガスや風塵は無防備。紫外線や結露も防げない

②第三者による破損リスクが上がる

③盗難リスクが上がる

※同じ場所に保管していると、窃盗計画が立てやすい

●「室内保管は無理」そんなときは…

室内保管ができない場合は次の方法でリスクを軽減しよう。

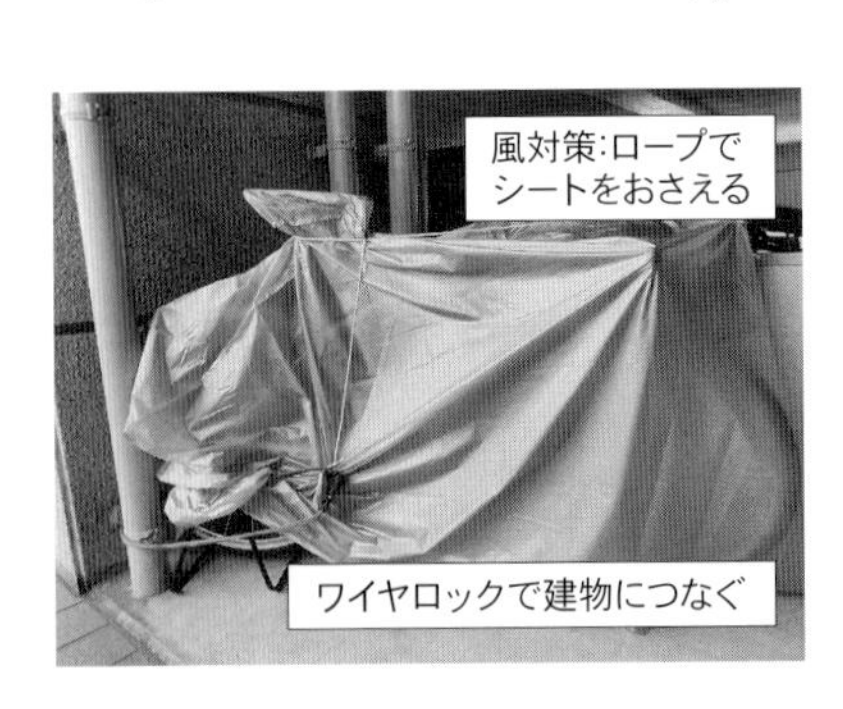

①簡単に切断できない堅牢なワイヤロックで地球ロック（40ページ参照）する
②車体カバーで車体を覆う
※排気ガス、紫外線のリスクを減らし、盗難防止に効果的
③車体カバーを細引きロープでしばる（風対策）

●折り畳み式ディスプレイスタンド

スタンドのないスポーツバイクを室内で安全に保管するために用意してほしいグッズが「折り畳み式ディスプレイスタンド」だ。

使わないときは簡単に折り畳め、セットすると後輪が浮くので後輪を回転させながら行なう変速機のメンテナンスに重宝する。

※購入前にクイックレバーのサイズを確認すること
※設置した状態で乗車しないこと

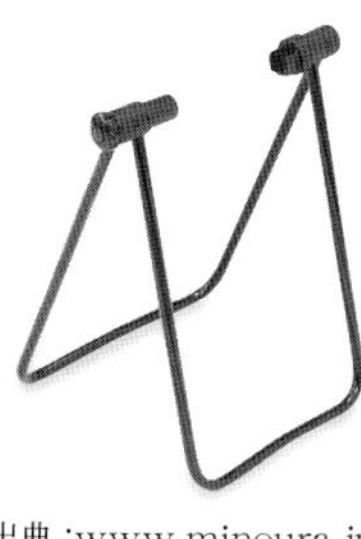

出典：www.minoura.jp

メンテナンスのタイミング

●乗り方で違うメンテナンスのタイミング

〈通勤・通学などでほぼ毎日、連続して乗る場合〉

・毎日、タイヤの空気圧を確認

・1週間に1回、本体清掃とチェーンメンテナンス

・1カ月に1回、稼働部の注油と消耗パーツの確認

・2年に1回、サイクルショップでオーバーホール（分解整備）

※雨天走行後は、すぐに本体清掃、チェーンメンテナンス、可動部の給油

〈余暇利用がメインで、連続して乗ることが少ない場合〉

・乗車前日、または当日にタイヤの空気圧を確認

・乗車前日までに本体清掃、チェーンメンテナンス、可動部の注油

・3～5年に1回、サイクルショップで、オーバーホール（分解整備）

※雨天走行後は、すぐに本体清掃、チェーンメンテナンス、可動部の給油

セルフメンテナンス

●本体清掃

本体（フレーム、ホイール、パーツ）を拭き掃除する。こまめに行なえば、水で洗い流す本格的な洗車をする必要はない。

●本体清掃のやり方

〈準備するもの〉

・薄手のタオル（1枚）
・水とバケツ（タオル洗浄用）
・マイクロファイバークロス（2枚）
・つや出し剤

〈作業手順〉

①ライト、ベル、サイクルコンピュータ、リアライトなど、工具がなくても外せる付属品を外す。

②よく絞ったタオルでタイヤを拭き上げる。（タオルは都度、洗浄すること）
タイヤの拭き上げが終わったら、汚れたバケツの水替えをする。
③タイヤ以外の本体（フレーム、ホイール、ハンドル、サドルなど）は水を含ませ、よく絞ったマイクロファイバークロスで拭き上げる。
※ホイールを外すと、より細かいところに手が届く
④艶だし剤を乾いたマイクロファイバークロスに適量吹き付け、本体を乾拭きする。
※艶出し剤は本体に直接吹きかけない（拭き残した溶剤がシミ汚れの原因になる）
※サドル、バーテープ、ブレーキシュー、リムサイドは艶出し剤をつけない

●タイヤに空気を入れる

スポーツバイクはママチャリと比べ、適正空気圧は高めに設定されていることが多く、空気も抜けやすい。そのため、頻繁に空気を入れる作業が必要になってくる。

手慣れてくると、この作業は案外楽しい。タイヤの空気とシンクロして自分のテンションも高まってくるのだ。

●バルブ（空気弁）の種類

※リムサイド：ホイールの外枠側面

スポーツバイクには、空気圧を調整しやすい「仏式バルブ」が多く使われている。ママチャリで使われている一般的な「英式バルブ」と構造が違うため、「仏式バルブ」に対応したフロアポンプがないと、空気を入れることができない。

また、マウンテンバイクなど耐久性が求められる機種には、車やオートバイと共通の構造の「米式バルブ」が採用されている。

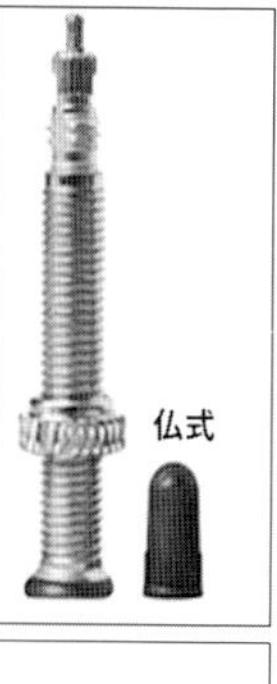

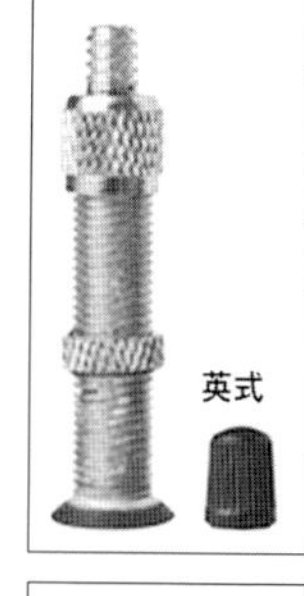

●「仏式バルブ」の各部名称

キャップをあけると、バルブコア軸と小ネジがみえる。

〈作業手順〉

①キャップを外し、回転が止まるまで小ネジを緩める。
緩めるときも締めるときも、工具は使わない。

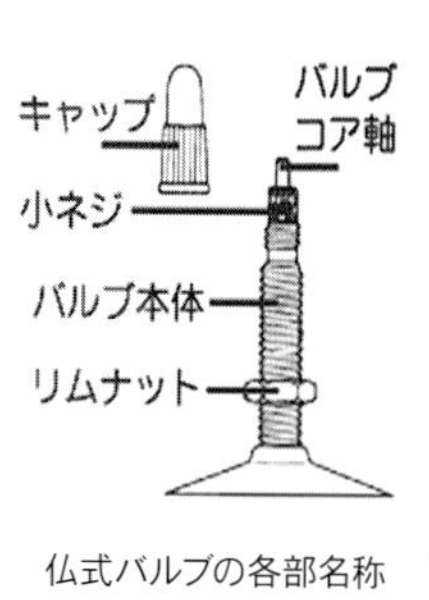

仏式バルブの各部名称

②バルブコア軸が金属固着で開放しないことがあるので、先端を指で「チョン」と押す。「シュッ」と勢いよく空気が飛び出すことを確認する。
③フロアポンプの口金をバルブ本体に差し込み、適正の空気圧になるまで空気を入れる。
④口金をバルブ本体から外し、小ネジを締めてバルブコア軸を固定する。キャップをして両手の親指でタイヤの空気圧を触感する。

●よくある失敗
・空気入れの口金を斜めに差し込む
・空気入れの口金の差し込み方が浅い
・空気入れのストッパーを動かすとき、口金も一緒に動かしてしまう
・空気入れのストッパーを解除するとき、口金も一緒に動かしてしまう
・空気入れの口金を外すとき、左右前後に揺り動かしてしまうこれらは多くのビギナーがやってしまう「あるある」だ。その結果、バルブコア軸が曲がってしまい、なさけない姿になる。

このようにバルブコア軸が多少曲がっても、ペンチなどで直さないこと。バルブコア軸は細く、折れやすい。完全に折れてしまうと、空気を入れることができなくなる。曲がっていても空気が抜けない状態であれば、そのまま使おう。

●よくある失敗

・空気入れの口金はまっすぐ、奥まで差し込む

・空気入れのストッパーを動かすときは、口金を押さえ、一緒に動かないようにする

・空気入れの口金をバルブ本体から外すときは、まっすぐ引き抜く

●チェーンメンテナンス

チェーンの油汚れをとり、オイルを注油し、「伸び」をチェックする作業

〈準備するもの〉

・新聞紙

・使い捨てゴム手袋（または軍手）

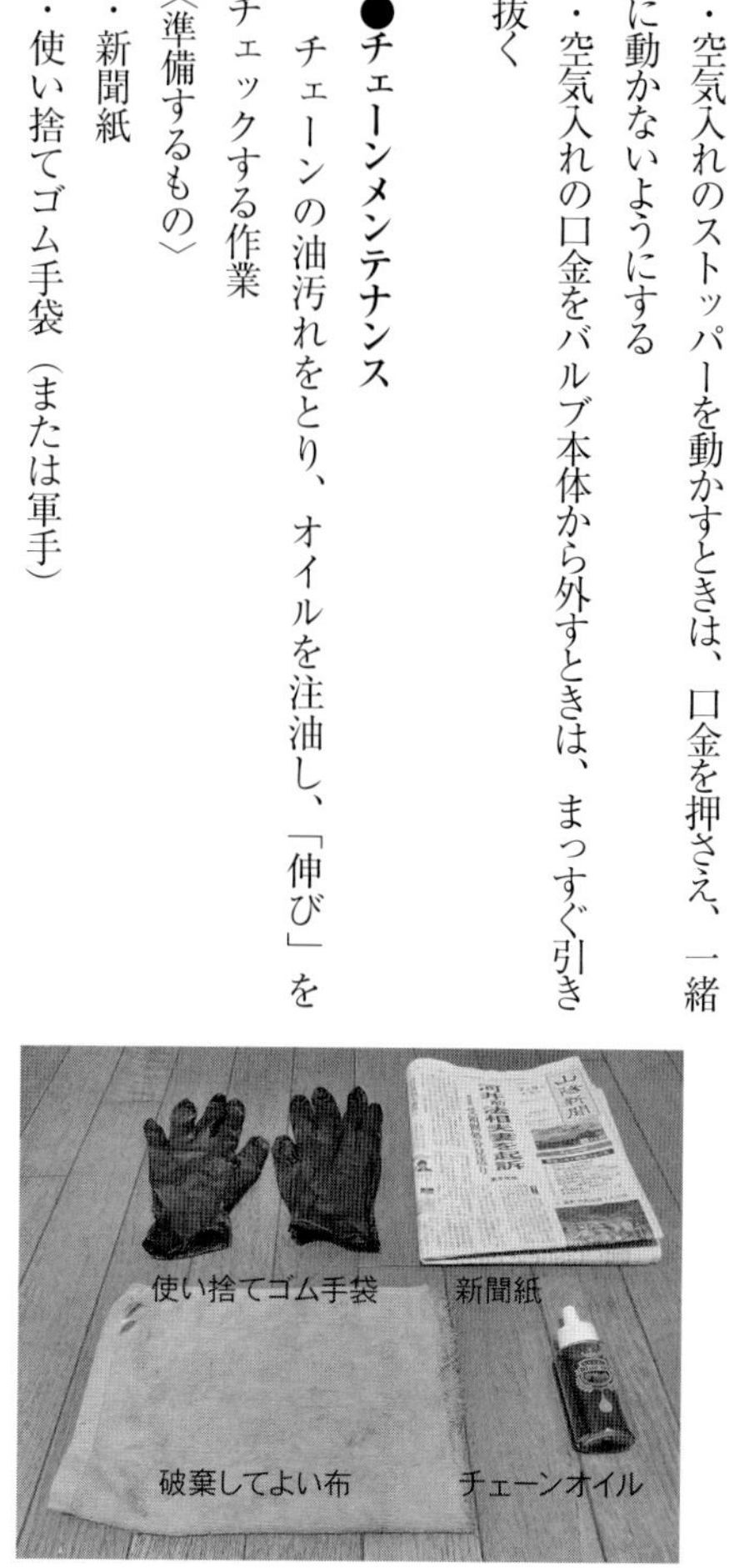

・破棄してよい布（タオルやTシャツ）
・チェーンオイル
〈作業手順〉
①汚れ防止のため、床に新聞紙を敷き、ゴム手袋をつける
②チェーンを布ではさみ、こするようにして油汚れをとっていく
③変速機のプーリーやフロントギアも忘れないように汚れをとっていく
　※スプロケットの油汚れは後輪を外す
④油汚れがとれたところで、チェーンの「伸び」をチェックする
⑤チェーンオイルを注油する
⑥注油したチェーンオイルを拭きとる

●チェーンの「伸び」をチェックする方法
①フロントギアをアウターに入れる（リアスプロケットはよく使う歯数に入れる）
②フロントギアにかかっているチェーンをマイナスドライバーで前方に押し、ギア歯の見え方をチェックする

伸びたチェーンを使い続けると、ギア歯を摩耗させてしまいチェーンよりも高価なパーツを交換することになり、変速不良も起きやすい。

●可動部の注油

〈必ず注油するところ〉

・フロントディレイラーの可動部
・リアディレイラーの可動部
・前後ブレーキ本体の可動部

〈注油してはいけないところ〉

グリスが使われているところには注油しないこと。グリスは主に摺動部（しゅうどう）に封入されているゼリー状のオイルだ。そこに粘性の低いサラサラのオイルを注油してしまうとグリスを洗い流してしまい、摺動部の機能を低下させてしまう。

適正範囲内

交換時期

●注油したオイルは、すぐに拭き取ろう

チェーンメンテナンスの作業同様、注油したオイルはすぐに拭き取ろう。余分なオイルは汚れやホコリを引き寄せてしまう。

注油のコツは「こまめに、せまく、少なく注油し、すぐに拭きとる」である。セルフメンテナンスはコツさえ知れば、だれでも簡単にできる。作業を通じて観察し、それに対応していく過程は楽しいばかりでなく、大切な心得なのだ。

オーバーホール（分解整備）

●オーバーホールで愛車がよみがえる

プロによる分解修理で摺動部のグリスアップ（給脂する作業）や消耗品の交換などを行うオーバーホールを定期的に行うと、愛車は驚くほどよみがえる。

スポーツバイクは何年たってもオーバーホールで機能的には新車によみがえる。永く付き合える「けなげな道具」なのだ。オーバーホールをするたびにそう思う。

●消耗パーツをグレードアップ

オーバーホールや日常点検で交換が必要な消耗パーツがあったら、ぜひ試してほしいことがパーツ類のグレードアップだ。

特にタイヤのグレードアップは効果的だ。ビギナー向けの完成車は、タイヤのグレードを下げて、廉価な価格を実現していることが多い。

その完成車のタイヤをグレードアップすることで、設計者が意図した本来のパフォーマンス（性能）を実感できる。

ショップと相談して、トータルバランスのよいタイヤを見つけよう。

チェーン外れとパンク

●チェーン外れ

一定期間スポーツバイクに乗っているとチェーン外れを経験する人は少なくない。頻繁におきるトラブルなのだが、復旧方法は以外と簡単だ。

〈復旧方法〉

①外れたチェーンの方向が、内側（インナー側）か外側（アウター側）を確認し、内側に外れていたら、変速位置をインナーに、外側に外れていたら変速位置をアウターにする。

②チェーンリングから5～6㎝後ろのはずれてしまったコマを掴み、前方に引っ張りながら低い位置のギア歯にかぶせる。チェーンリングを後ろ向きに回転させせながら、順番に　コマをギア歯にかぶせいけば、復旧完了だ。

●パンクのリスク

勢いよく段差などを乗り越えたとき、タイヤとリムの間にチューブが挟まり、蛇が咬んだ痕のような2カ所の穴が空く。「スネークバイト」、「リム打ち」と呼んでいるパンクで、タイヤの空気圧が足りないと発生しやすい。

雨の日は、パンクリスクが高くなるのは本当だろうか。広い範囲に散らばっている釘やガラス片などが道路の水勾配で流されて、道路脇に溜まりやすいという説、タイヤが濡れると、摩擦係数が下がり、釘やガラス片がタイヤのゴムを切りやすくなる説など諸説あるがどれも仮説の域を脱していないため、真偽のほどは定かではない。

※余談になるが、2号線バイパスの米倉から早島付近まで約6㎞の歩道を歩いてみた。不法投棄のゴミにまみれて、粉砕された瓶ガラスの破片や細かな金属片などがあちらこちらに散在していた。歩道であっても、ここを走行するとパンクのリスクは非常に高そうだ。トラックの轟音が響き、排気ガスやばい煙で汚れた空気に包まれたバイパス道路は自転車にとって走りづらい環境だ。

●パンク修理

パンク修理のやり方はネット動画で多く紹介されている。「スポーツバイク　パンク修理」で検索すると、善意の投稿がたくさん見つかる。複数の動画を閲覧して自分に合った作業手順を学習しよう。

また、パンク修理の講習会を開催しているサイクルショップも少なくない。座学では得られない体験学習ができるので、参加するとよいだろう。

ブレーキシューの点検

●ブレーキシューの異常

ブレーキシューに小石などの破片が密着して、急にブレーキタッチが不均等になったり、今までなかった異音が発生したりすることは、よくあることだ。

すぐに停車して、前後左右のブレーキシュー表面をウエス（布）で清掃しよう。停車しないで走行を続けるとリムサイドにキズができ、ホイール（車輪）寿命を縮めてしまう。

①ブレーキシュー清掃（ホイール脱着なし）

リムサイドとブレーキシューの隙間にウエスを挟み、両手でこするようにシュー表面を清掃する。通常はこの方法で小石等はシューから除去でき、ブレーキタッチは改善する。

毎回の走行後は、前後左右のブレーキシューをこの方法で清掃する習慣をつけておくと次回の快適走行を担保してくれる。

②ブレーキシュー点検（ホイール脱着あり）

①の清掃でブレーキタッチの改善が見られない場合はホイールを外し、ブレーキシューを点検しながら除去清掃する。

※シュー内部に異物が深く刺さっている場合は、マイナスドライバーなどで除去する。

※ブレーキシュー：ホイールを挟んでブレーキをかけるためのパーツのこと

第6章

知っておきたい交通法規と交通マナー

自転車が通るところ

●自転車は車道の左端を走らなければならない

「道路交通法」では、自転車は、軽車両（原動機を用いない車両）に区分され、「車道の左側端を走行すること」（道路交通法第18条）と定めている。

車道であれば、どこを通ってもよいわけではなく、常に左側端を走らなくてはならないと定められているのだ。

・信号待ちの車列の間をジグザグに走り抜ける
・右折車線に進入して右折する
・一方通行路の右端を走る

これらの行為はどれも通行区分違反となり、3ヶ月以下の懲役又は5万円以下の罰金の対象になる。

●バス専用車線を自転車は走れるのか

言葉の響きで、自転車は走れない印象を受けるバス専用車線だが、自転車は普通に走ることができる。自転車だけでなく原付（一種）、自転車、小型特殊自動車も走ることができる。車線の左側端を堂々と走ろう。

●歩道は条件付きで通行できるが、車道側を徐行しなければならない

「歩道」とは、「縁石やガードレールなどによって物理的に車道と区分された歩行者用通路」と、道路交通法では定義している。「軽車両」に属する自転車は歩道を通行できなかったが、1970年、「車体の大きさ及び構造が内閣府令で定める基準に適合する二輪または三輪の自転車で、他の車両を牽引していないもの」を「普通自転車」とよび、一定の条件を満たした場合のみ「普通自転車」が歩道を通行できるとの法改正が行われた。

〈普通自転車の大きさ〉

長さ＝190cm以下、幅＝60cm以下

〈普通自転車の大きさと構造基準〉

・側車を付けていない

・運転者以外の乗車装置を付けていない（幼児用座席は除く）
・走行中、容易に制動装置がはたらき、歩行者を傷つける鋭利な突起物のない構造

●普通自転車が歩道を通行できる条件

・「自転車通行可」の道路標識または「普通自転車通行指定部分」の道路標示がある
・運転者が13歳未満若しくは70歳以上、または身体に障害を負っている場合
・安全のためやむを得ない場合
※「安全のためにやむを得ない場合」の法基準はないが、次のような例が客観的に認められた場合などを想定している。
・車道が狭く車の横を通行するのが困難な場合
・自動車の交通量が著しく多い場合
・車道に路上駐車車両があり、車道が狭くなっている場合
・道路工事で車道の左側通行が困難な場合
・あおり運転や幅寄せなどの危険運転をする車がある場合
車中心の交通インフラの発達で車道の端からはじき出された自転車を歩道に逃す対　処

的な法改正であったため、とてもややこしい。ここで重要なことは次の2点だ。

・「歩道」は条件を満たした「普通自転車」のみが通行を許される

・歩行者優先が大原則、通行の際は歩道の車道側を徐行

なお、歩道を通行中にベルを鳴らす行為は絶対やってはいけない。歩行者用の通路に条件つきで通行している自転車が歩行者に向かって注意喚起を促すことは本末転倒になるからだ。もちろん「すみません、自転車が通ります」などの声かけもいけない。歩道を通行しなければならないときは謙虚でつつましく、歩行者の安全と安息を最優先に考え、紳士的な態度をとってほしい。

余談になるが、アシスト自転車は人力を補助するモーターが付いているが、大きさと構造が「普通自転車」に適応していれば、歩道の通行はできる。

●路側帯の種類と通行方法

路側帯とは歩道のない道路に歩行者のために設けられた帯状の道路の部分のことで、車道でも歩道でもない場所である。

3種類の道路標示（白線）で3区分され、それぞれ通行のルールが設定されている。

【1】白の実線1本

歩行者＝両方向通行可

自転車（軽車両）＝左側のみ通行可

自動車・二輪車・原付＝走行不可（駐停車のための進入は可）

【2】白の実線と破線（駐停車禁止路側帯）

歩行者＝両方向通行可

自転車（軽車両）＝左側のみ通行可

自動車・二輪車・原付＝進入禁止

【3】白の実線2本（歩行者専用）

歩行者＝両方向通行可

自転車＝進入禁止

自動車・二輪車・原付＝進入禁止

【1】白の実線1本

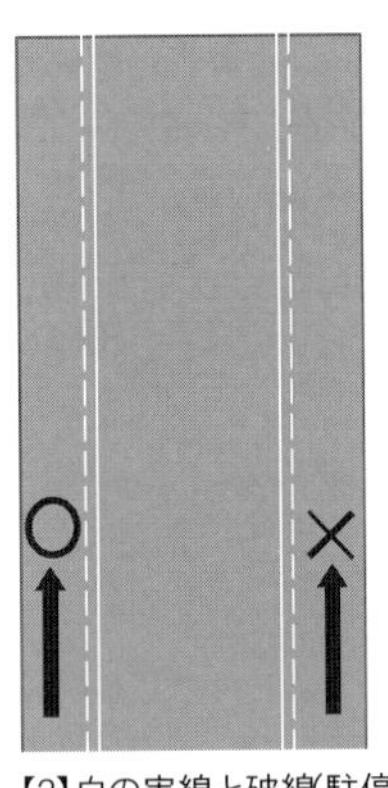
【2】白の実線と破線(駐停車禁止路側帯)

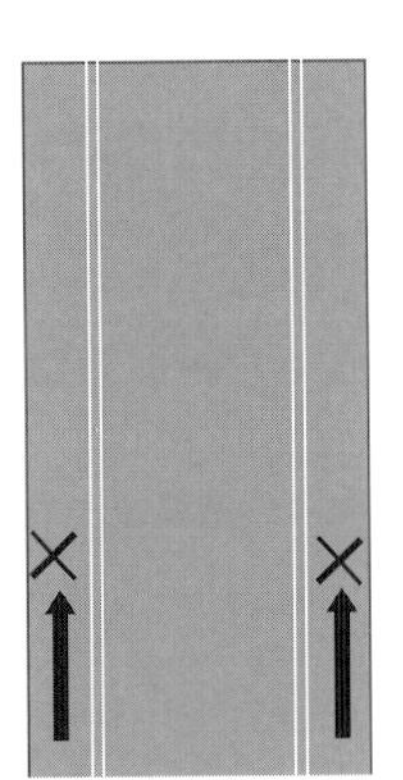
【3】白の実線2本（歩行者専用）

実際の道路では歩道があっても、なくても白線が連続している。歩道が設けられていない場合のみ、この白線から外側を路側帯という。

歩道があるときの白線は車道外側線とよぶ区画線なので、路側帯のルールは適用されない。少々ややこしいが、白の実線2本の路側帯（歩行者専用）以外はどこを走っても車道なので、あまり気にすることはない。

交差点の通り方

●右折する

自転車は車道の左端を走らなければならないので、右折の方法は必然的に二段階右折となる。

二段階右折とは交差する道路の左端まで直進してから90度方向変換する右折方法である。

・信号のある交差点では、直進側、交差側の両方の信号に従わなければならない

・信号のない交差点も二段階右折しなければならない

・道路の左側端を走る原則を順守することで「出会い頭」の衝突事故リスクが軽減できる

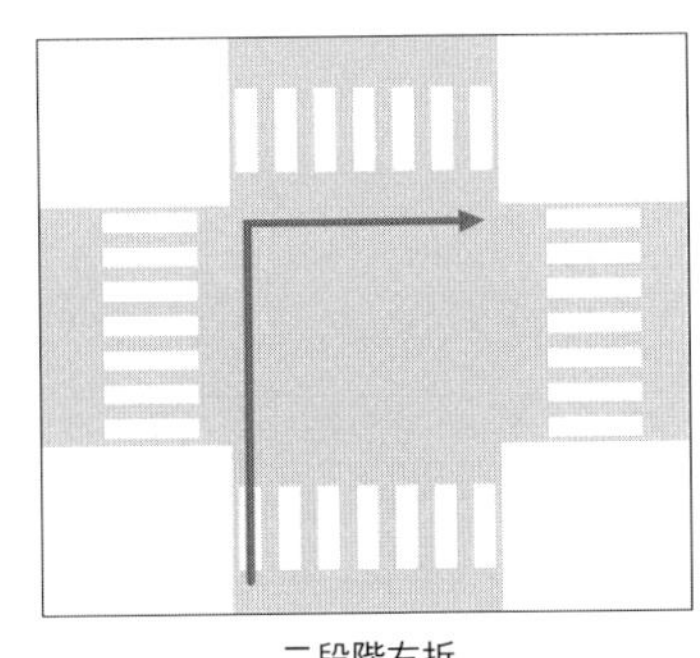

二段階右折

●左折専用レーンがある交差点を直進する

複数車線の道路の左側端を走っていたら交差点の手前で左折専用レーンになった。交差点を直進したい自転車はどの車線を走るべきか。答えは「左折専用レーンの左側端をその

まま直進する」が正解だ。

しかし、実際の道路では左折車がスピードを落とさず、次から次へとやってきて直進するタイミングがなかなか見つからない。直進する自転車を確認した左折車は自転車の進路を本来は妨げてはならないのであるが、「左折専用レーンだから直進はない」と誤認しているドライバーは少なくない。

「自転車走行レーンを交差点内に明確に表示する」「直進する自転車に注意を促す標識を設置する」などの改善が必要な部分であろう。

高速走行が可能なロードバイクが、左折専用車線の手前で直進専用車線に進入し、車の流れに乗って直進している光景をときどき見かけるが、これは通行区分違反という違反行為にあたり警察の摘発対象となるので絶対やってはいけない。本人的には交通の流れに乗った安全な通り方だと勘違いする部分なのだが、自転車の走るところは常に車道の左側端である原則を忘れてはならない。

●環状交差点（ラウンドアバウト）

欧米諸国などで導入実績のある信号機のない環状の交差点である。2014年9月の道路交通法改正で我が国においても、導入がスタートした。

信号機を設置することがないので、災害時に強い、右折車と直進車との衝突が防げるなどのメリットが見込め、全国で普及が始まった。

〈環状交差点（ラウンドアバウト）での主な交通ルール〉

・時計回りで交差点に徐行で進入
・周回車両が優先
・合図をし、左折して交差点をでる

自転車は原則どおり、道路の左側端を通行し、右回りに周回して左折すればよい。シンプルなルールで二段階右折も信号待ちもないので、導入は大歓迎だ。

岡山県では、浅口市寄島町地内の県道倉敷長浜笠岡線と県道矢掛寄島線の交差点と吉備中央町吉川地内の県道吉川槙谷線と町道の交差点の2カ所に設置されている。（2021年4月現在）

出典：警視庁環状交差点広報ポスター

危険行為

次にあげる15項目は自転車運転における危険行為にあたり、警察の摘発（指導）対象となる。

①　信号無視
②遮断踏切立ち入り
③指定場所一時不停止等
④歩道通行等の通行方法違反（歩道を徐行しないなど）
⑤制動装置不良自転車運転（ブレーキがない、または故障している自転車を運転）
⑥酒酔い運転
⑦通行禁止違反
⑧歩行者専用道路における車両義務違反
⑨通行区分違反
⑩路側帯通行時の歩行者通行妨害
⑪交差点安全進行義務違反（二段階右折の不履行など）

⑫交差点優先者妨害等（左方優先の不履行など）
⑬環状交差点安全進行義務違反（徐行で進入しないなど）
⑭安全運転義務違反（スマホ操作などのながら運転、傘さし運転など）
⑮妨害行為
※２０２０年6月30日にあらたに追加された項目だ。他の車両の通行を妨害することを目的とした以下の行為を指す。
逆走して進路を塞ぐ／幅寄せ／進路変更を繰り返して後続車両の進路を塞ぐ／不必要なブレーキ／しつこくベルを鳴らす／車間距離不保持／追い越し違反

●実際の指導内容

14歳以上の摘発者に対して、警察官は「自転車警告指導カード」を発行、3年以内で2回の摘発を受けた者に対して、安全講習参加を義務付け（手数料6千円、講習時間3時間）、講習に参加しない者に対しては5万円以下の罰金を課す。

自転車安全五則

自転車安全利用五則

一般財団法人 全日本交通安全協会・警察庁

(一般財団法人 全日本交通安全協会・警察庁 提供)

第7章

危険を予測　ピンチを避ける

夜間走行

●ヘッドライトは最低でも400ルーメン、できれば600ルーメン以上を

ここ10年でとびぬけて進化した自転車パーツにライト類がある。電球はLED、電源はリチウム充電の高性能ライトが比較的低価格で入手できるようになった。いい時代である。ライトの明るさを表す単位は「ルーメン」、「カンデラ」、「ルクス」などがあるが、自転車用ライトは「光量」をあらわす「ルーメン」が多く使われている。

自転車通勤で夜間走行が日常だった私はさまざまなタイプのヘッドライトを使用してきた。東京の道路照明は明るく、200ルーメンもあれば十分であった。

岡山の道路照明は、東京のように明るくなく、暗闇も多い。最低でも400ルーメン、できれば600ルーメン以上のヘッドライトを装備してほしい。

●夜間のテールライトは「点滅モード」ではなく「点灯モード」が正解

後続車に存在を認識させる赤色（または橙色）のリフレクター（反射板）かテールライトを装備していない自転車は整備不良車となり公道を走ることができない。リフレクター

は納車時に標準装備されているが、テールライトは別購入する必要がある。

テールライトは「点滅モード」と「点灯モード」を切り替えるようになっている。「点滅モード」は点滅することで注意喚起の効果があり、バッテリーの持ちもよいため、常に「点滅モード」を使っている人は少なくない。しかし、夜間は「点滅モード」でなく、必ず「点灯モード」で走ろう。

「点滅する光」は後続車のドライバーの視点を固定させてしまう。さらに「点滅モード」は「点灯モード」と比べると距離感がつかみづらいので、追突事故を誘発する可能性が高いのだ。

「点滅モード」は朝方や夕暮れ時などの肉眼で周囲が認識できるときの注意喚起に使用すると効果的。日中の利用も視認性が上がるのでお勧めだ。

●安全性を高める「100円ショップ」のリフレクター（反射板）

腕や足首に巻き後続車のヘッドライトを反射するリフレクターテープが100円ショップで手に入る。

右足首と右上腕にそれぞれ1本ずつ装着すると、ペダリングで右足首のリフレクターが上下に動き、後続車が自転車を認識しやすい状態がつ

くれる。たった100円で夜間の安全性が格段にあがるので試してほしい。

●夜間の幹線道路はなるべく走らない

いつどこを通ると安全で快適なのだろうか。道路の特徴を分類し、整理してみた。

2車線以上の幹線道路は言わずもがな自転車が走る場所ではない。まるで最前線の戦場のような危険地帯である。しかたなく走行する場合は歩道に逃げよう。

移動距離や移動時間が少なくてすむ1車線の幹線道路は日中の移動においてベストなルートだ。出勤時間帯の渋滞や信号停止も自転車にとってはあまり影響がない。大型トラックも少ないので、進路が塞がれることもない。

通勤・通学の際に自転車の存在を認識しているドライバーも多いので、安心感がある。

しかし夜間になると、車の走行速度は速くなり、危険度は増す。道路照明や店舗照明で自転車のテールライトを認識できない場合もある。同じ時間帯に通行するドライバーの確率も日中と比べると低い。飲酒ドライバーも皆無ではない。夜間の1車線の幹線道路はベストではないのだ。

自転車走行に適した道路の種類と特徴

道路の種類	特徴	日中走行	夜間走行
幹線道路（2車線以上）	多種類・大量のクルマを効率よく通すために設計されている。 ・交通量→多 ・走行速度→速い ・大型トラック→多 ・騒音→多 ・ばい煙→多 ・ドライバー属性→多様	×	×
幹線道路（1車線）	近距離の移動などで主に使用。 ・交通量→中 ・走行速度→中 ・大型トラック→少 ・騒音→中 ・ばい煙→少 ・ドライバー属性→近県、地元	○	△
生活道路	幹線道路に至るまでの動線、県や市町村が管理している道路が多い。 ・交通量→少 ・走行速度→遅い ・大型トラック→ほぼなし ・騒音→少 ・ばい煙→ほぼなし ・ドライバー属性→ほぼ地元	△	○

夜間のベストルートは、生活道路だ。道幅が狭く、信号のない交差点や見通しの悪い交差点が多いので地元以外のクルマが走らない。歩行者も少なく、周囲に雑音がなく聴覚による予知情報も得やすい。

夜間の生活道路は安心、安全、そして快適さを与えてくれるのだ。

雨天走行

●雨天走行はなるべく避ける

泥よけがないモデルが多いスポーツバイクで雨天走行すると、シートチューブやサドルの裏側、ウエアの背中、バッグなどが泥ハネ汚れの標的になる。帰宅後すぐに車体清掃とウエアの洗濯をすれば問題ないが、余計な作業が増えることになる。

ディスクブレーキではないモデルではブレーキの利きが悪くなり、リムサイドにブレーキシューの汚れが付着する。冬季の雨は体を冷やすので、特別なウエアを準備する必要がある。ドライバーの視界も悪くなり、自転車への注意レベルが低下する。一番、懸命な選択は「雨天走行はしないこと」だ。

●ライド（乗車）中の豪雨

大粒の雨が激しく降る豪雨は「積乱雲」という急激に発達した雲からやってくる。早く帰りたい心理が働き、豪雨の中を構わず走ってしてしまうことが多い。

積乱雲の寿命は1時間程度しかなく、さらに激しく雨がふる時間は20～30分程度なのだ。

豪雨に見舞われたら、迷わずコンビニなどで「雨宿り」しよう。走り続けるよりもずっとよい結果が得られる。

●1時間以内の街乗りの雨具はポンチョがよい

サイクルイベントやレースでほとんど見かけないポンチョだが、1時間以内の街乗りのであれば、レインウエアよりも快適だ。着脱が楽で、雨の圧力が直接肌に当たらないのでまるでテントの中にいるような安心感がある。下部が大きく開放されているので風通しもよい。バタつきが発生しないゆっくりとした速度で走ると「雨天走行も悪くないな」と思えてくる。

スポーツバイク用に特化したポンチョ
出典 :www. pearlizumi.co.jp

車は自転車をみていない

●進入車は自転車をみていない（図A）

信号のない脇道や駐車場から進入してくる車が自転車に気づかずとびだしてくる

〈対処ワザ〉

・ドライバーにアイコンタクトを送る

・頭ごと動かす、腕を曲げるなど、ボディコンタクトも加える

・進入に備え、速度の調整やブレーキングの準備をしておく

●右折車は自転車をみていない（図B）

右折車は対向車（車やオートバイ）のスピードを目測で計りながら右折のタイミングを判断している。そこに速度の遅い自転車がくると、うまく目測できない。まだ遠くにいるような錯覚が発生する。右折車は停止状態から加速するため、ブレーキング反応も遅い。このような複合的な原因で右折車が自転車を巻き込む事故は頻繁に発生している。「右折車は自転車をみていない」と認識しておくべきだ。

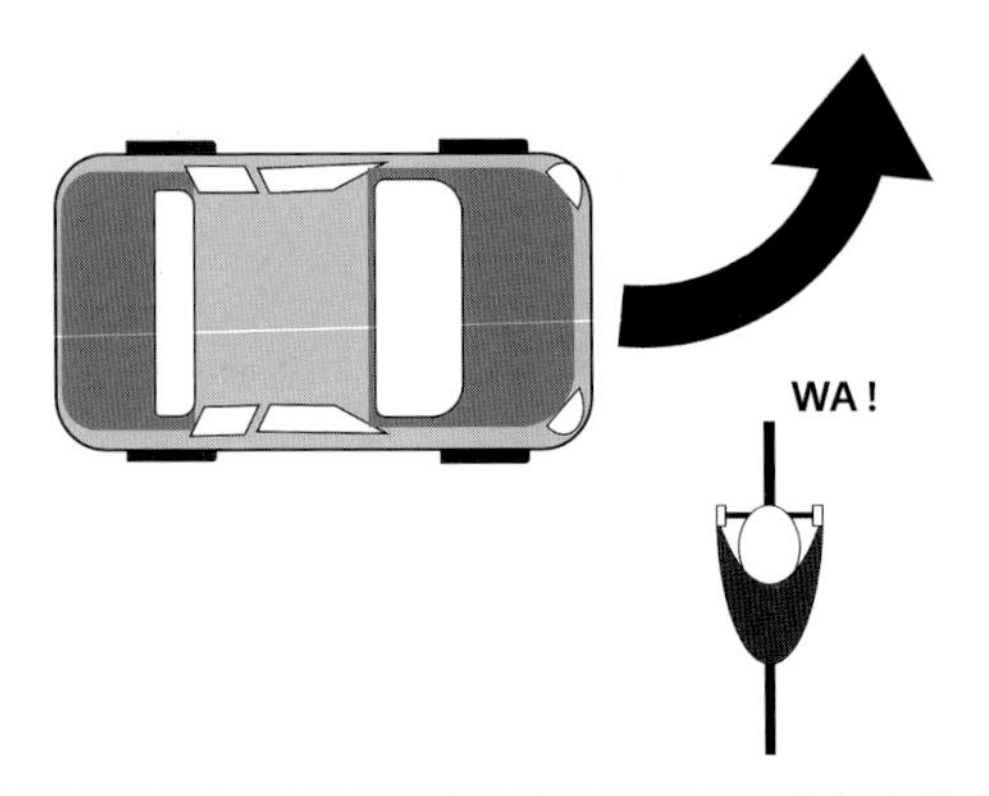

図A

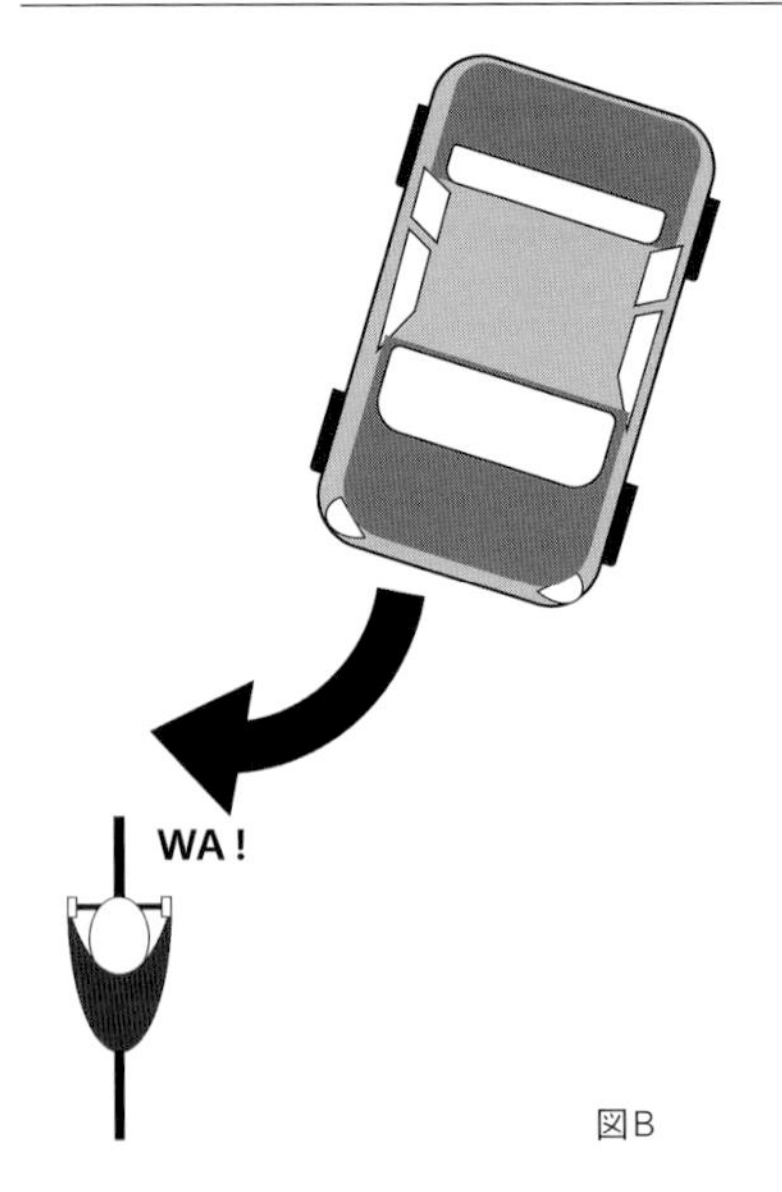

図B

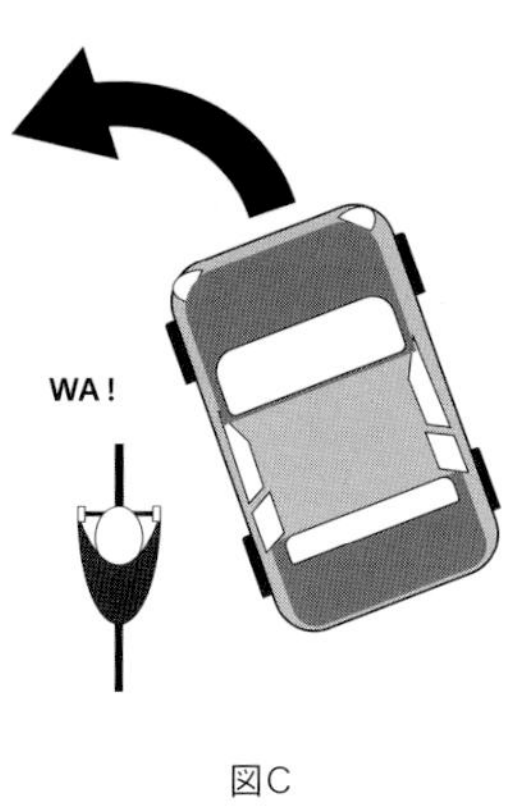

図C

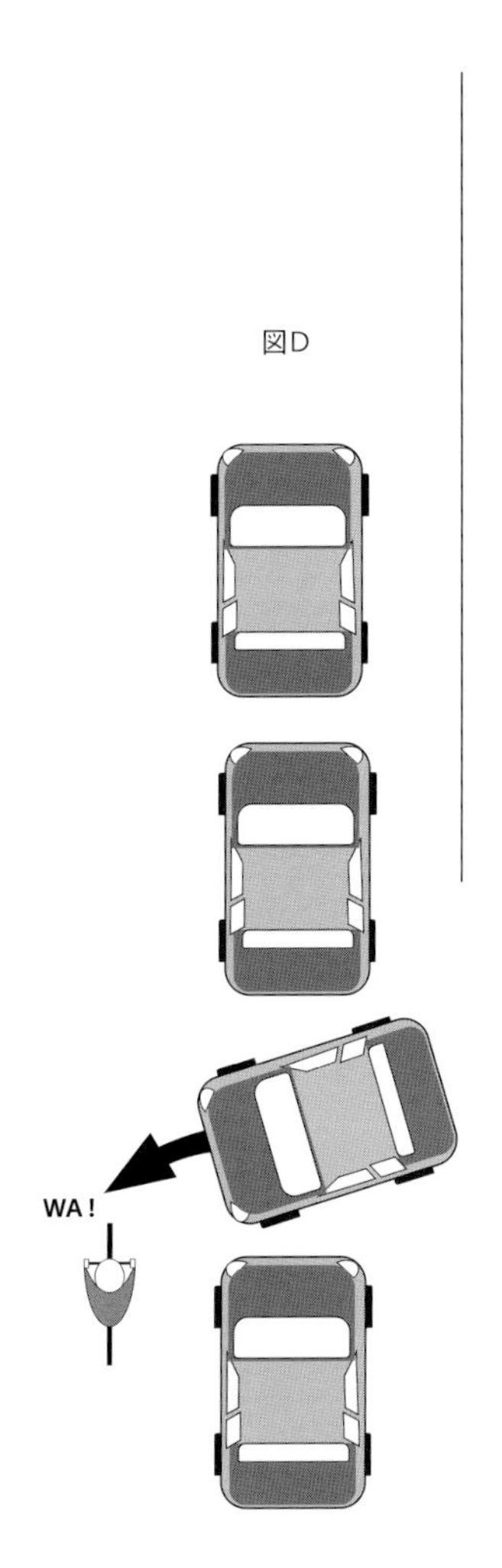

図D

〈対処ワザ〉

・並走車や後続車の速度に合わせ、自転車だけで交差点内に進入しない工夫をする
・ドライバーにアイコンタクトを送る
・頭ごと動かす、腕を曲げるなどボディコンタクトも加える
・進入に備え、速度の調整やブレーキングの準備をしておく

●左折車は自転車をみていない（図C）

並走している自転車に気づかず左折する車に巻き込まれる危険性がある。

〈対処ワザ〉

・クルマと並走状態になる場合は、死角になりやすい「側面並走」を避ける
・商業施設などの駐車場入口付近では、急な左折の可能性を想定しておく

●渋滞中の車列の隙間から右折車などが飛びだす（図D）

渋滞中、自転車は道路の左側端を直進できるので快調に走行していると、渋滞の車列の隙間から突然右折車などが顔をだすことがある。

飛び出してくる車は進路を譲ってくれたドライバーへの感謝が優先する心理が働き一時停止をせずに加速する傾向がある。渋滞中の車列に隙間があるときは速度の調整やブレーキングの準備をしておくべきだ。

〈対処ワザ〉

・渋滞中の左側端走行はすぐ停車できる速度で走る

・渋滞中の車の前方に隙間がある場合、対向車などの飛び出しの可能性を想定しておく

第8章

モチベーションの持続

「乗りたくないな」という気持ち

●人は「飽きる生き物」

スポーツバイクに限らず、人は「飽きる生き物」だ。

最初は面白かったスポーツバイクも、例にもれず、やはり「飽き」がきて、乗ることが億劫になってしまうことはめずらしいことではない。

脳のメカニズムからみると「飽きる」と「慣れる」は近い働きだそうだ。強い刺激や、継続して繰り返される刺激を受けた脳は同じ刺激に対してひな型のような回路を形成し、その回路で課題解決する状態が「慣れる」ということだという。経験値が少ないときに心までもがドキドキ、ワクワクしていた刺激もこの回路では「感動する」はムダな脳活動として制御される。しかしそのおかげで処理スピードは格段と速くなり、正確な仕事を省エネでこなすことを可能にしている。

どうやら「飽きる」という状態は成長、習熟したという結果として捉え、ネガティブになる必要はなさそうだ。

である。

●「飽きた」ところからみえてくる景色

「飽きる」という状態は成長、習熟の証。いいかえれば、「飽きてはじめて一人前」なのである。

だから「飽きたのでやめる」はすこぶるもったいない。入口まできてすべてを投げ捨ててしまうようなものだ。体が自然に正しく反応するいまこそ、「スポーツバイク乗りの翼」を手にしたときなのだ。

自給自足の移動手段

●移動時間を楽しむ

スポーツバイク生活に慣れてくると「ものの見え方」が変わってくる。私の場合、特に顕著に変化したのが時間の概念だった。

公共交通機関を利用していた頃の私は、移動時間をつねに最短になるよう努めていた。家から駅までの最短ルートを早歩きし、電車は必ず「快速車」に乗車していた。こうして、最短時間で移動することが日常化していくと、電車が数分、遅れただけでストレスを感じるようになっていた。ムダな時間の発生が許せなくなっていたのだ。

移動手段をスポーツバイクに変えてみると、パンクやメカトラブルなど、いろいろな事が起きるので最短時間を日常化できない。しかし、そのことがストレスにならないのだ。考えてみると、スポーツバイクは「移動の自給自足」。

移動を人に頼らず、自力だけで完結している。自給自足の概念にムダな時間はなく、すべて自分だけの時間。そこにストレスはなく、心地よさしかない。

気づくと、時間に余裕を持たせた移動が日常化していた。

●行先を決めない「迷走ライド（乗車）」

自転車に乗る理由が特にないときや、体がだるく感じるときにおススメなのが、行先を決めないで、気の向くまま走る「迷走ライド」だ。

幹線道路を避け、交通量の少ない道を直感的に、だらだら走ってみよう。10分程度が経過すると、徐々に体と心が軽くなってくる。脳内ホルモンの分泌が活性化し、「しあわせ気分」が湧きだしてくるのだ。

しばらく乗らなくなって、なんとなく乗ることが億劫になっているときも「迷走ライド」を試すいい機会だ。走りたくない気持をあえてだまして、走り出すのだ。

30分後には、必ず、気分上々の自分が発見できる。

スポーツバイクの世界は知れば知るほど、奥が深い。

スペシャルコーナー

1 岡山駅発着スイスイ走れるサイクリングコース

●幹線道路はなるべく走らない

大型トラックが走る幹線道路を避けて繋いだサイクリングコースを紹介する。信号も騒音も少ない快適なコースだ。

●スイスイ走れるサイクリングコース4選

Ⅰ岡山市街名所巡回コース【距離9km　最大標高差27m　走行時間45分】
Ⅱ曹源寺コース【距離18km　最大標高差54m　走行時間90分】
Ⅲ吉備路～庭瀬城跡コース【距離23km　最大標高差105m　走行時間120分】
Ⅳリバーサイドで児島湖往復コース【距離35km　最大標高差39m　走行時間180分】

日本三大庭園のひとつ岡山後楽園や岡山城がある旭川周辺は地域の文化･芸術施設が集約した岡山カルチャーゾーンと呼ばれている。観光スポットです。体力と時間を節約し、寄り道が楽しくなる自転車で巡回しましょう。レンタルバイク(桃チャリ) を利用すれば、準備をしなくてもサイクリングが楽しめます。

（国土地理院地図より）

岡山駅発着スイスイ走れるサイクリングコース

I 岡山市街名所巡回コース

【距離9km／最大標高差27m／走行時間45分】

①スタート＆ゴール
（岡山駅西口）
↓
②地下道
↓
③岡山県立博物館
↓
④月見橋
↓
⑤岡山県立美術館
↓
⑥林原美術館
↓
⑦下石井公園
（ＳＬ公園）
↓
⑧地下道

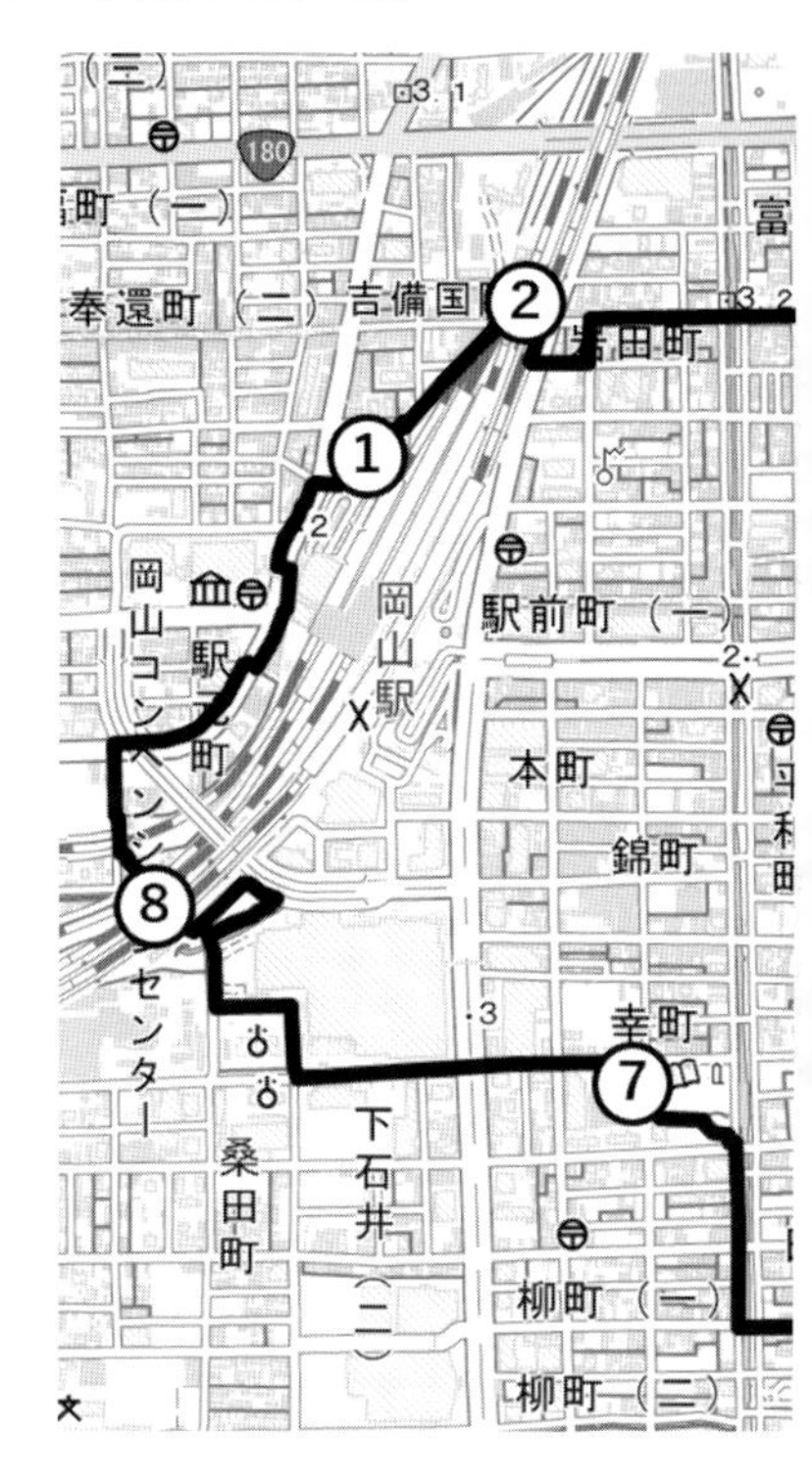

江戸時代に掘削された運河「倉安川」を辿り、岡山藩主池田家の菩提寺、名刹「曹源寺」を訪ねます。禅寺の境内は凛とした空気に満ちており、背筋が伸びる趣があります。

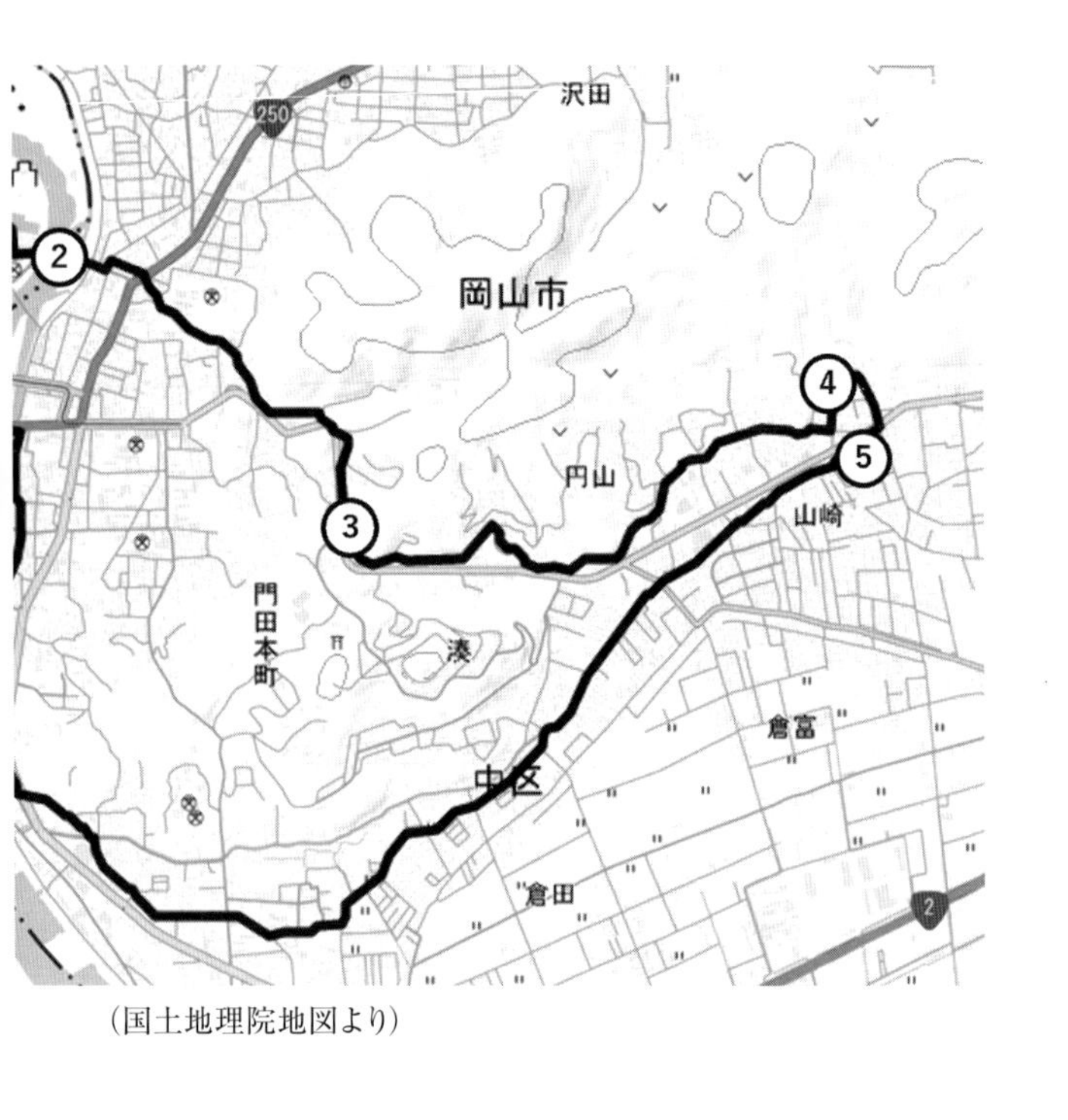

（国土地理院地図より）

Googleマップ 

岡山駅発着スイスイ走れるサイクリングコース

Ⅱ 曹源寺コース

【距離18㎞／最大標高差54m／走行時間90分】

①スタート＆ゴール
（岡山駅西口）
↓
②相生橋
（橋から眺める岡山城）
↓
③東山峠
↓
④曹源寺
↓
⑤倉安川
↓
⑥京橋
↓
⑦（通称）ラーメン通り
↓
⑧岡山イオン

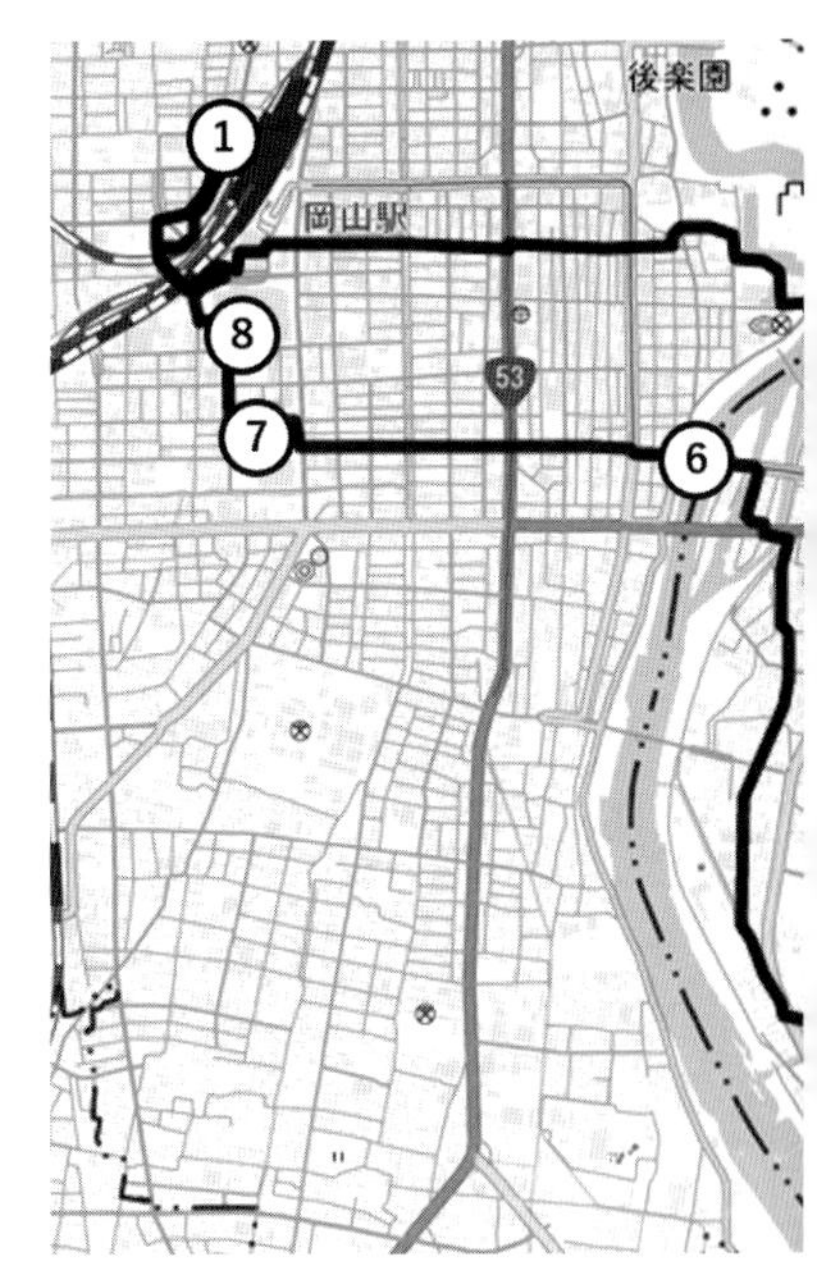

岡山のパワースポット神道山の峠を越え、吉備津神社にを参拝します。この神社の本殿と拝殿は室町時代初期の建築で、全国唯一の様式により国宝に指定されています。のどかな生活道を南下し、五･一五事件で青年将校の凶弾に倒れた明治の内閣総理大臣犬養毅の生家を見学。笹ヶ瀬川の土手から庭瀬城跡へ移動。周囲を堀で囲んだ江戸時代の町割りを残したまま、住宅街に変貌したこの界隈の景観は独特の雰囲気があります。

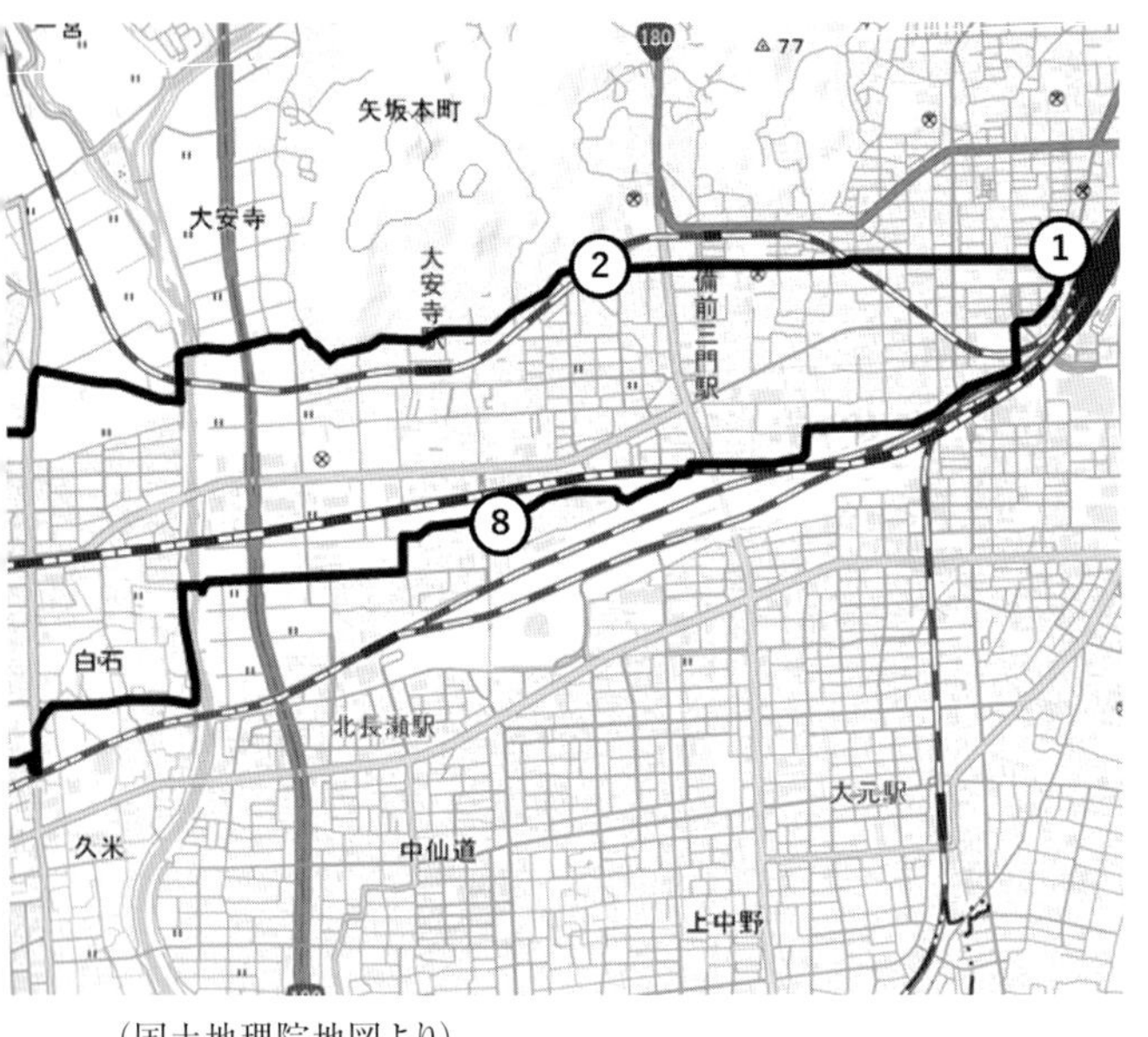

(国土地理院地図より)

Googleマップ

岡山駅発着スイスイ走れるサイクリングコース

Ⅲ 吉備津神社～庭瀬城跡コース

【距離23㎞／最大標高差105m／走行時間120分】

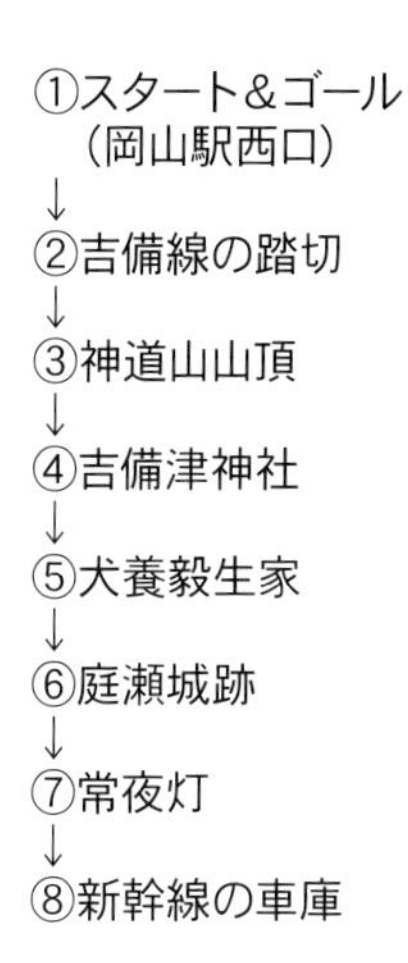

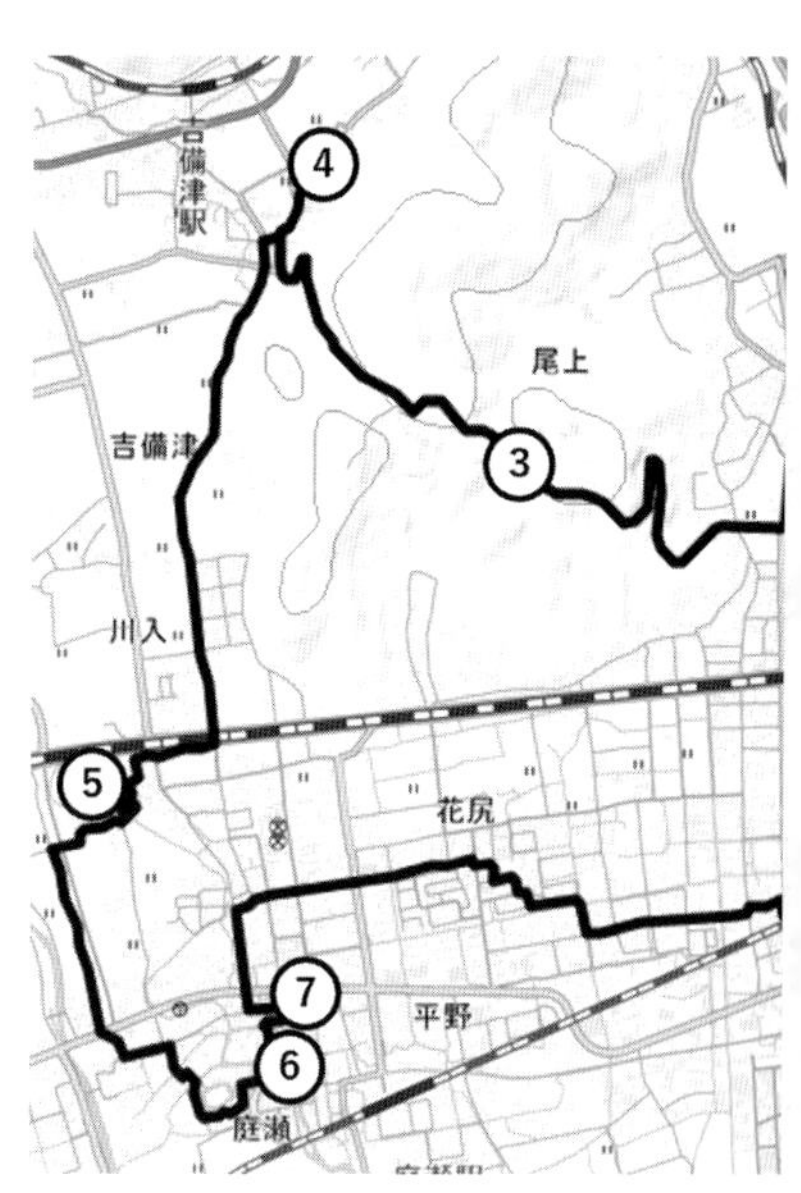

笹ヶ瀬川に沿って南下し農業用水の確保のため人工的に淡水化させた児島湾の締切堤防を走ります。復路の児島大橋と岡南大橋から見渡せる360度の景観はサイクルライドの醍醐味です。

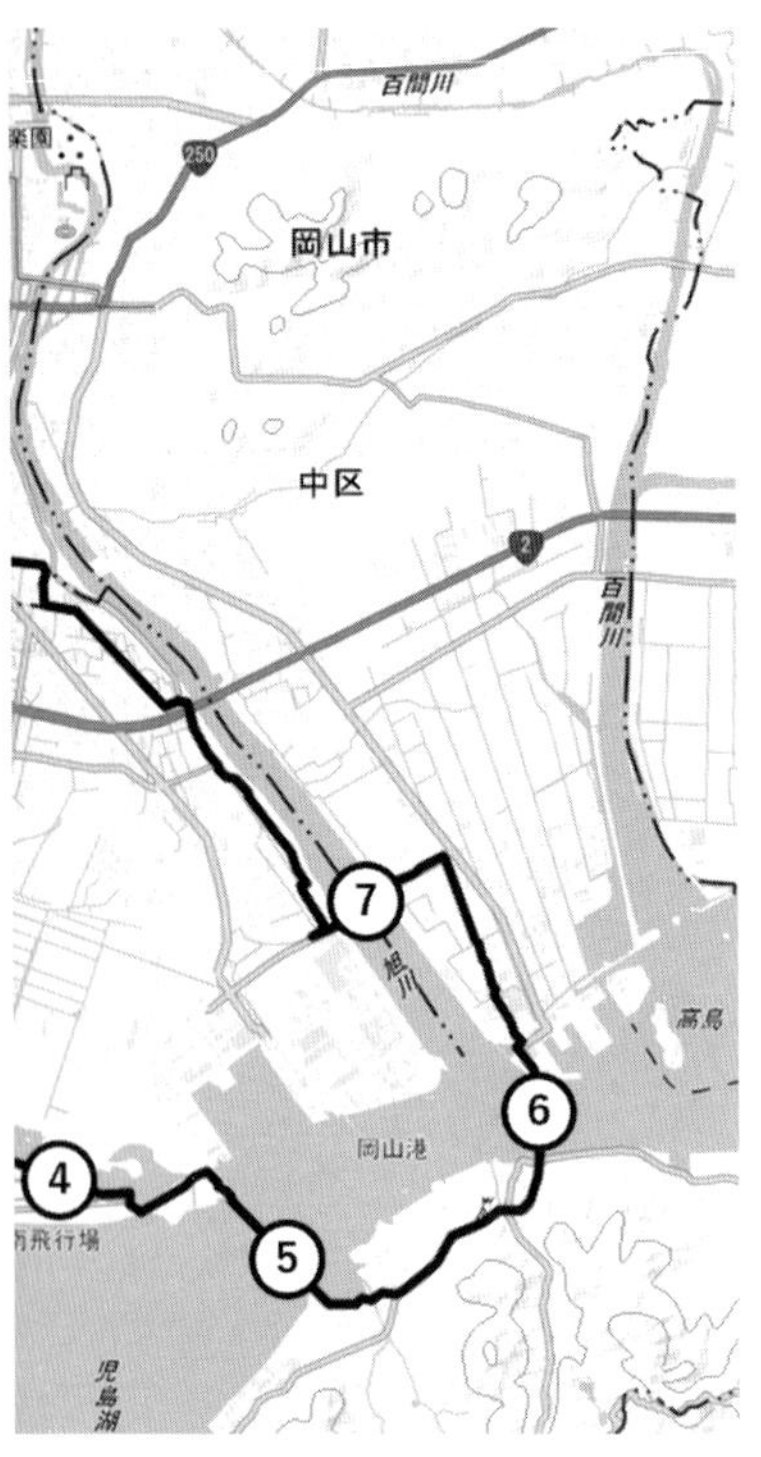

（国土地理院地図より）

Googleマップ

岡山駅発着スイスイ走れるサイクリングコース

Ⅳ リバーサイドで児島湾往復コース

【距離35㎞／最大標高差39m／走行時間180分】

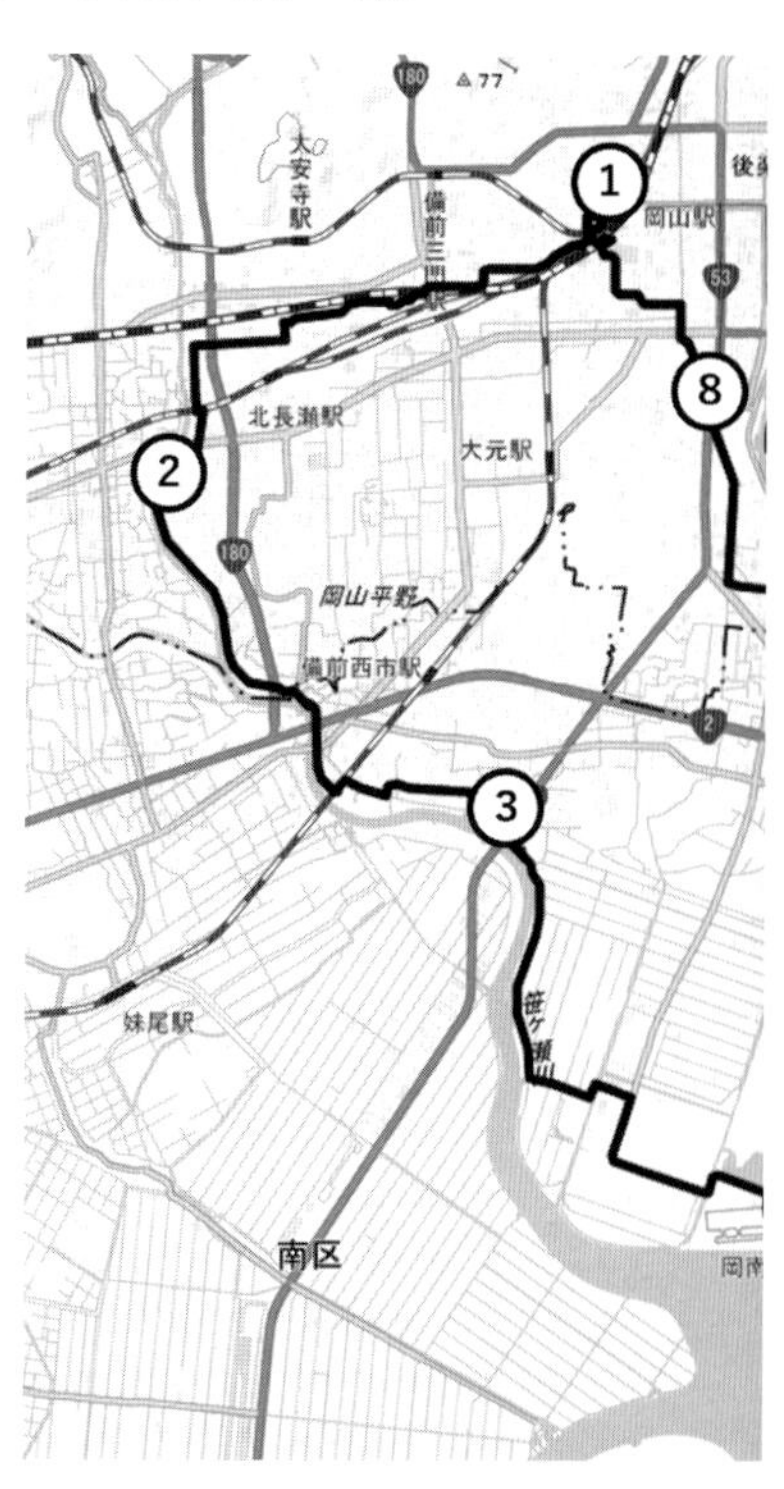

①スタート＆ゴール
（岡山駅西口）
↓
②笹ヶ瀬川
↓
③国道30号線
↓
④岡南飛行場
↓
⑤児島湾締切堤防
↓
⑥児島大橋
↓
⑦岡南大橋
↓
⑧清輝橋交差点
（五角形の歩道橋）

2 岡山市内のスポーツバイクショップ

展示している自転車がほぼ、スポーツバイクである市内の専門店をリストアップ。どの店舗も、スポーツバイク好きのスタッフが熱意を持ってサポートしてくれる

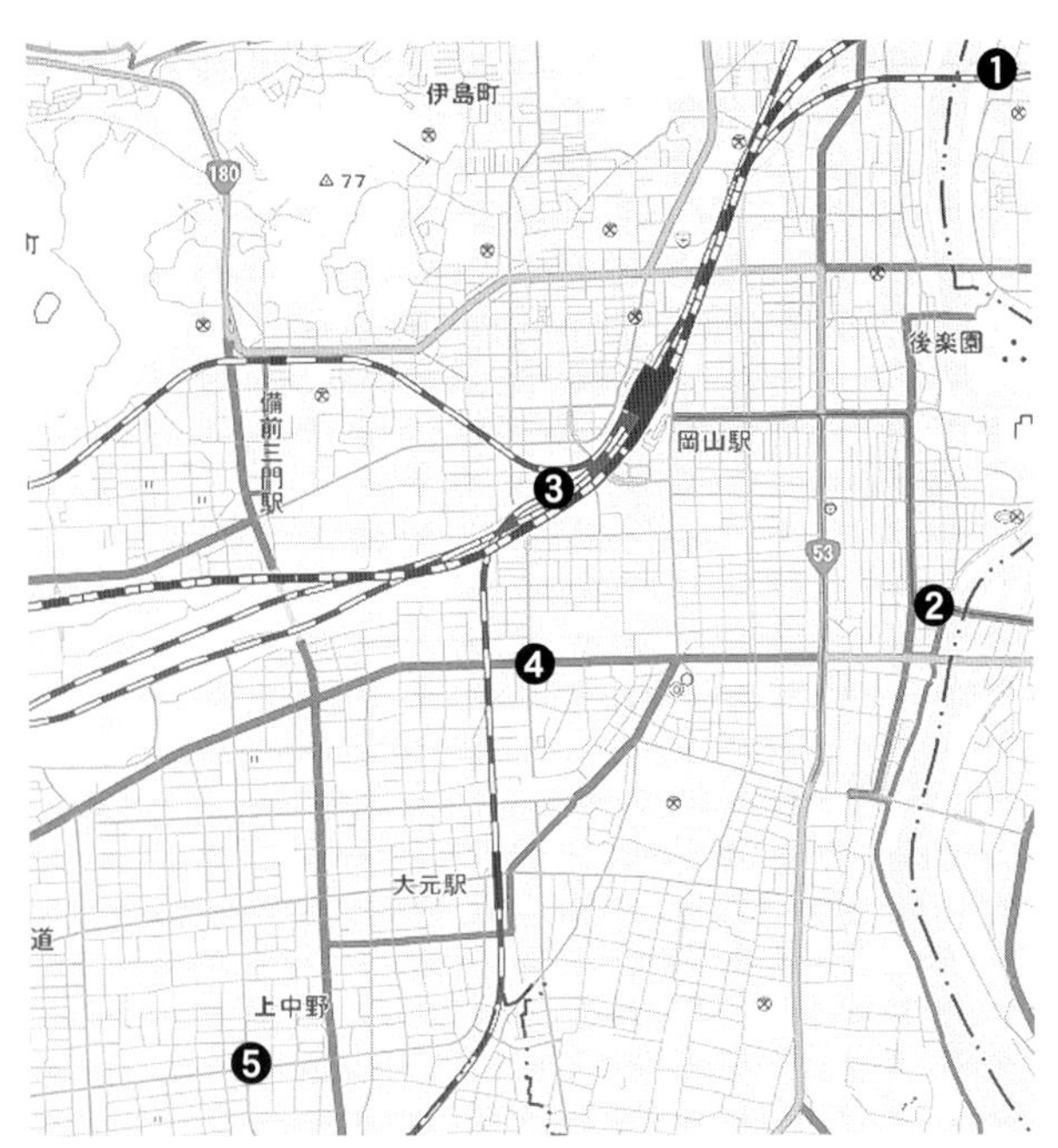

(国土地理院地図より)

店 舗 名	cycle shop Freedom 岡山店
所 在 地	〒703-8251 岡山市中区竹田15-1
電話番号	086-238-6528
営業時間	11:00～20:00 日曜日13:00～19:00
定 休 日	木曜日
販売比率	ロードバイク40% クロスバイク・ミニベロ30% ＭＴＢ他30%

❷

店舗名	BICYCLE PRO SHOP なかやま
所在地	〒700-0831 岡山市北区京橋町8-3
電話番号	086-222-5262
営業時間	9:00～19:00 日曜祝日13:00～19:00
定休日	月曜日
販売比率	ロードバイク40% クロスバイク・ミニベロ40% ＭＴＢ他20%

❸

店舗名	サイクルZ
所在地	〒700-0033 岡山市北区島田本町1-1-47
電話番号	086-252-7744
営業時間	10:00〜19:00
定休日	水曜日
販売比率	ロードバイク50% クロスバイク・ミニベロ30% ＭＴＢ他20%

❹

店 舗 名	Bon Vivant （ボンビバン）
所 在 地	〒700-0985 岡山市北区厚生町2-14-23
電話番号	086-222-9487
営業時間	11:00～19:00 日曜日13:00～19:00
定 休 日	水曜日　木曜日
販売比率	ロードバイク40％ クロスバイク・ミニベロ60％ ＭＴＢ他０％

❺

店舗名	WAVE BIKES 岡山店
所在地	〒700-0972 岡山市北区上中野2-28-15
電話番号	086-728-5558
営業時間	11:00～19:30 日曜祝日13:00～19:00
定休日	月曜日　火曜日　（祝日の場合営業）
販売比率	ロードバイク30% クロスバイク・ミニベロ50% MTB他20%

3 ショップ店長が選ぶウエア&アイテム

●スポーツバイクとの出会い

47歳の頃、長時間フロアに立ち続けることで下半身の関節か固くなり腰に負担がかかるようになっていました。また私は大学で選手をしていたバスケットボールを趣味で続けていました。バスケットボールは中腰になることが多いスポーツ。仕事と趣味の両方で知らず知らずのうちに腰に負担が累積していったのでしょう。ある日突然激しい腰痛で立ち上がることができなくなってしまいました。

「腰椎椎間板ヘルニア」の手術で、激しい痛みは治まりましたが、腰回りの違和感が消えず悩んでいました。医者に相談したところ体幹筋が弱くなってバランスを崩している可能性があると診たてられ、「水泳」か「スポーツバイク」を勧められました。たまたまスポーツバイクが趣味の同級生がいたので彼に指南を仰ぎスポーツバイクを始めたところ、腰回りの違和感が消え、健康な生活が戻ってきたのです。

体調回復が目的で始めたスポーツバイクでしたが、人力だけで100㎞以上を負担なく移動でき、機能美に加え、パーツや色の組み合わせで自分らしさを表現できるその魅力に嵌(は)

まってしまいました。まさかお店まで開くことになるとは自分でも驚いています。

●どんな服を着ればいいのか？

スポーツバイクに乗り始めた頃、「なにを着て乗ったらいいのか」という問題で悩んでいました。私がはじめの1台に選んだスポーツバイクはフランス製の真っ赤なロードバイク。ヨーロッパ製の2シータスポーツカーの自転車版をイメージし、オシャレに乗りたいと思っていました。

ところが、当時のサイクリストのほとんどが、派手なサイクルジャージとなタイツで走っているのを見て、「あれを着て乗るのはムリ」という感じでした。だって自分はレーサーを目指しているわけでもなく、速く走ることもないのに格好だけつけるそのことがカッコ悪いと感じていました。なので、ＴＰＯを踏まえたカジュアルウエアで真っ赤なロードバイクに乗っていました。

岡山市内を移動する程度であれば、カジュアルウエアでまったく問題ありません。しかし、距離が50㎞、80㎞、１００㎞と増えるほど、様々な欠点が明らかになってきました。

・朝方の気温に合せたレイヤー（重ね着）は日中になると暑苦しい。

・前カゴやキャリアのないロードバイクは脱いだ服を収納できない。
・走行風をはらんだ服の裾は終始バタバタ暴れ、危うくバランスを崩すこともある。
・大量の汗が乾かないので不快。汗冷えで体調が悪くなる。
・ジーンズは脚が上がらない。
・下着の縫い目で股ずれが起きた。
・ズボンの裾がチェーンオイルで汚れる。
・前傾姿勢で肩回りが窮屈。

●サイクルジャージは正義だった

スポーツバイク、特にロードバイクは舗装道路を速く、遠く、安全快適に移動するための究極のパーツ類の集合体です。その観点で見れば、人もウエアもパーツの一部。「あれ着て乗るのはムリ」ではなく、「コレ着て乗るのが正義」だったのです。

スポーツバイクで50～60㎞はだれでも無理せず走ることができる距離です。しかし、この距離をサイクルジャージとカジュアルウエアで走った場合、体への負担がまるで違います。まさに雲泥の差。

累積走行時間が3時間以上、平均速度が時速22km以上、走行距離が50km以上のいずれかになる場合は、迷わずサイクルジャージとビブショーツ（タイツ）を用意すべきです。

●サイクリスト仕様のタウンウエア

移動距離や走行時間が短いタウンユースの場合は、サイクルジャージで武装する必要はありません。ＴＰＯを考慮して自由にウエアを選べばいいと思います。

サイクリスト仕様でありながらカジュアルウエアとしても秀逸な普段着を紹介します。

★サマーウエアを選ぶ

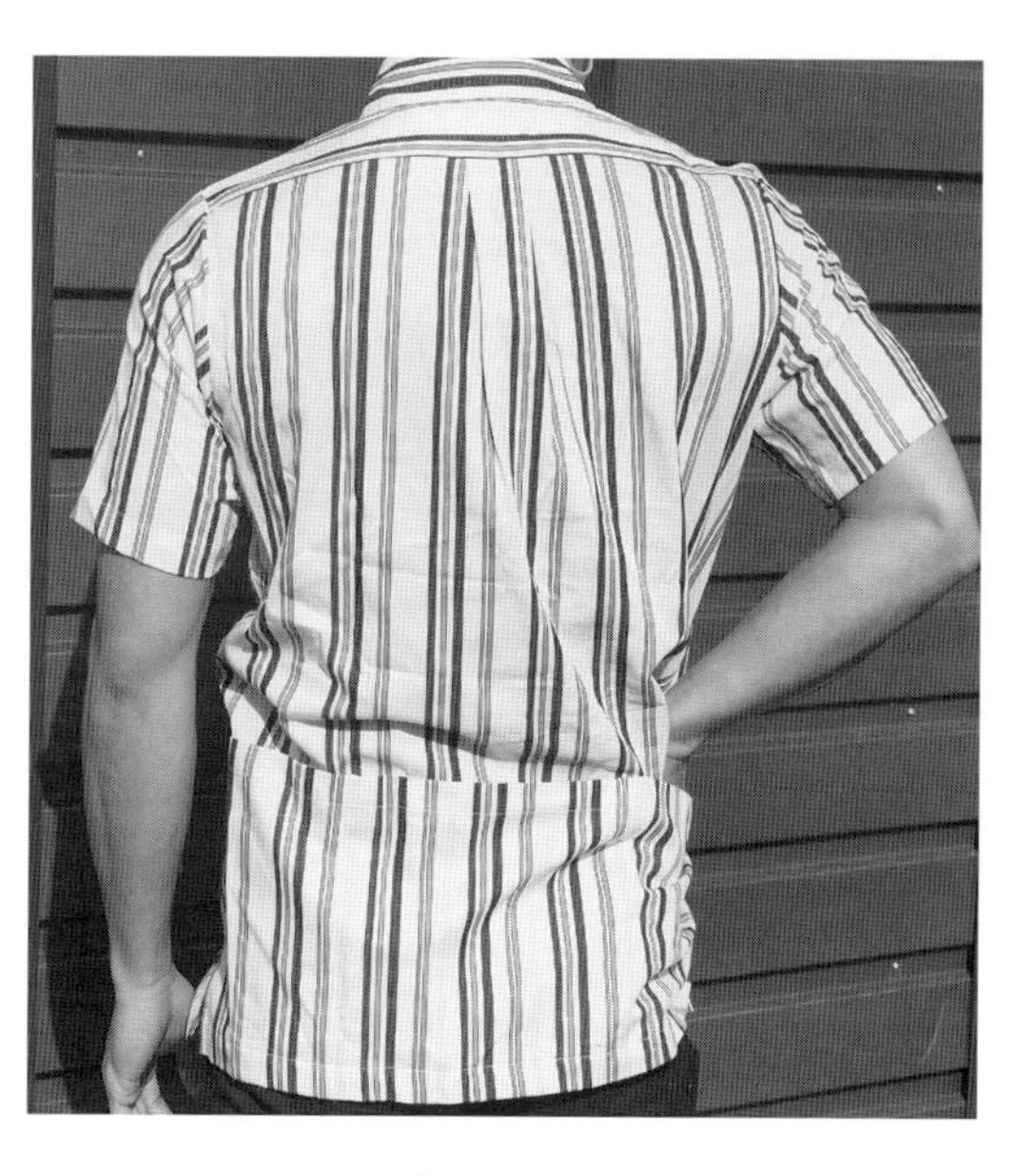

・トップス（上半身のアウター）

吸汗速乾性のあるポリエステルが含まれているものを選ぶとよいと思います。サイクルジャージと同じように背中にポケットがついているものが使いやすいです。

・ボトムス（下半身のアウター）

ペダリングの邪魔をしない七分丈かハーフ丈のストレッチパンツが使いやすいです。

★ウインターウエアを選ぶ

・トップス（上半身のアウター）

素材にコットンが含まれているとポリエステル100%に比べて静電気が起きにくいようです。天然素材のウールも汗冷えを防ぐ冬に適したよい素材です。

・ボトムス（下半身のアウター）

内側に起毛加工が施されているものを選ぶと、底冷えが防げます。

★ウインターウエアを選ぶ

春や秋は季節の変わり目なので一日の気温の寒暖差が大きくなります。着脱が容易なアームウォーマーやレッグウォーマーを準備し、体温調整を細めに行いましょう。使わないときは小さくなるのでウェアの背中のポケットに収納でき、邪魔になりません。

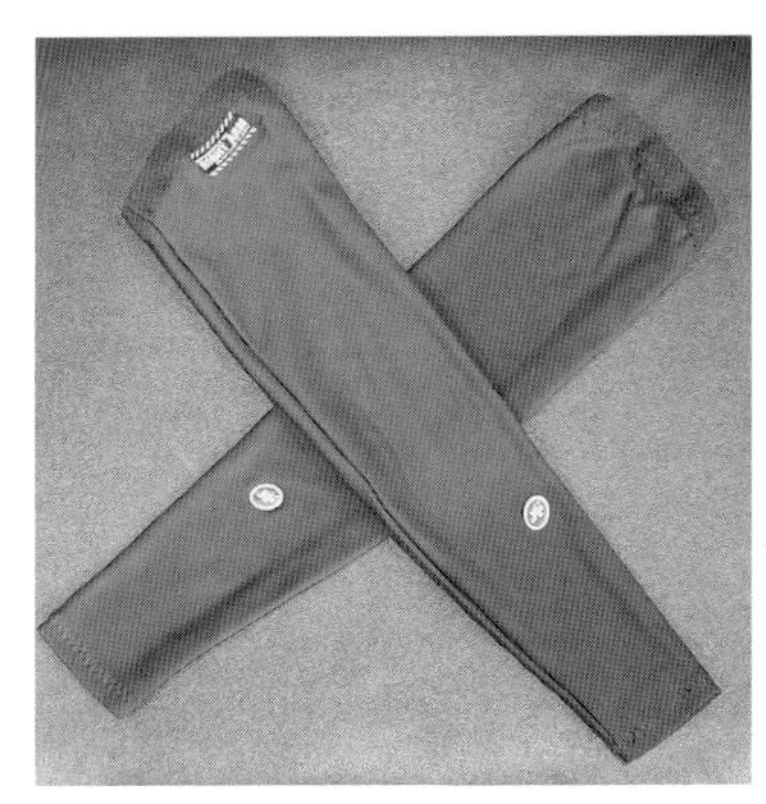

アームウォーマー

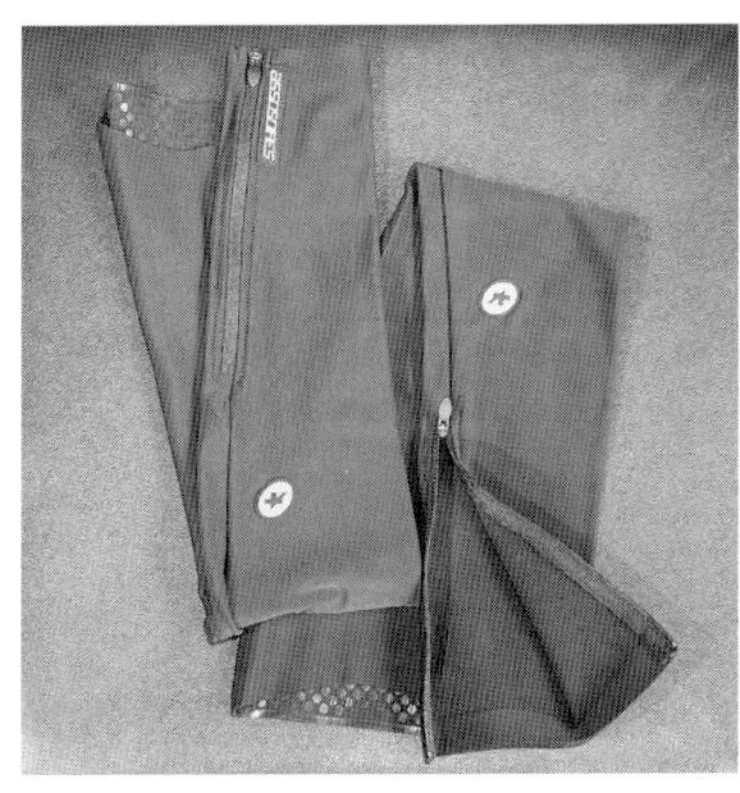

レッグウォーマー

●店長の一押しアイテム

サイクルショップでたくさんの商品を扱っていると、機能性や耐久性に優れ、コスパもよいものに出会います。そんなアイテムに出会うと商品開発者に敬意を払い、嬉しくなってスタッフやお客様に積極的にすすめています。「ショップあるある」のひとつですね。

そんな一押しアイテムを三つ紹介します。

①グローブの一押し

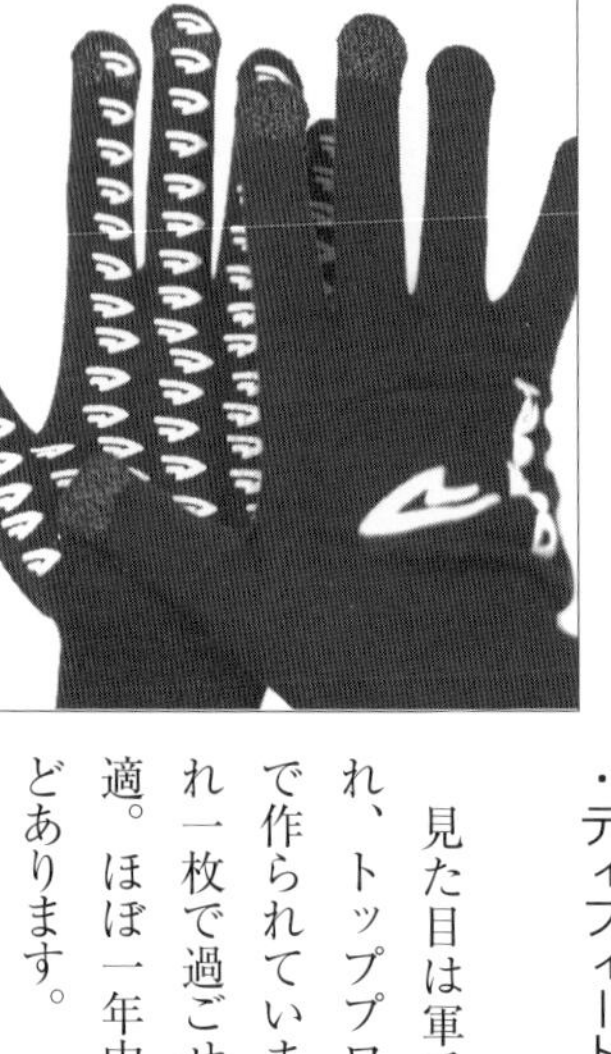

・ディフィート社デュラグローブ

見た目は軍手にしかみえませんがあなどるなかれ、トッププロチームの需要に応じた特殊な編み方で作られています。岡山県南であれば、真冬でもこれ一枚で過ごせます。湿気を放出してくれるので快適。ほぼ一年中使えて、洗濯も楽。耐久性も驚くほどあります。

②空気入れの一押し

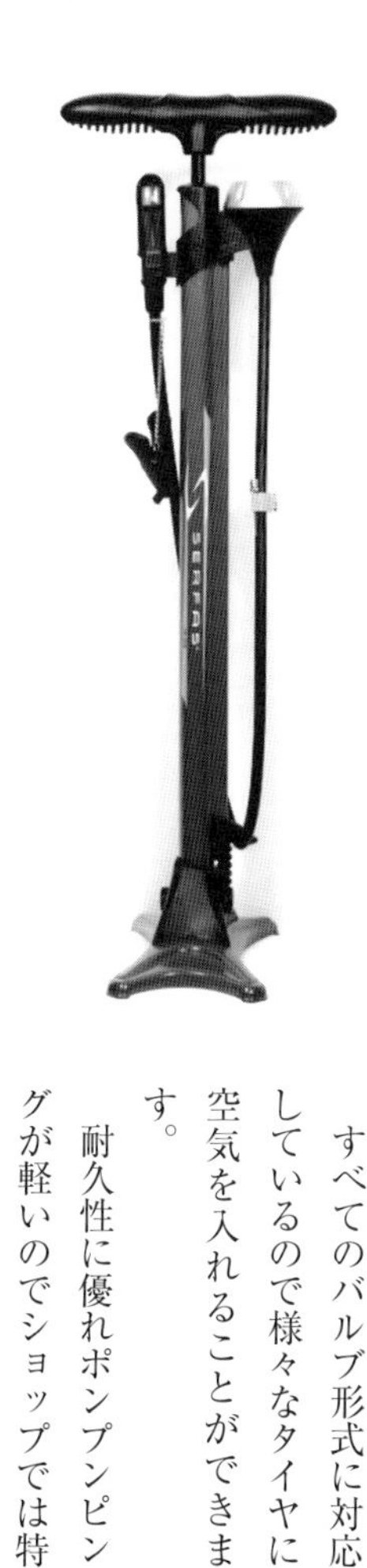

・サーファスFP－200

すべてのバルブ形式に対応しているので様々なタイヤに空気を入れることができます。

耐久性に優れポンプンピングが軽いのでショップでは特に女性にお勧めしています。

③ロック（鍵）の一押し

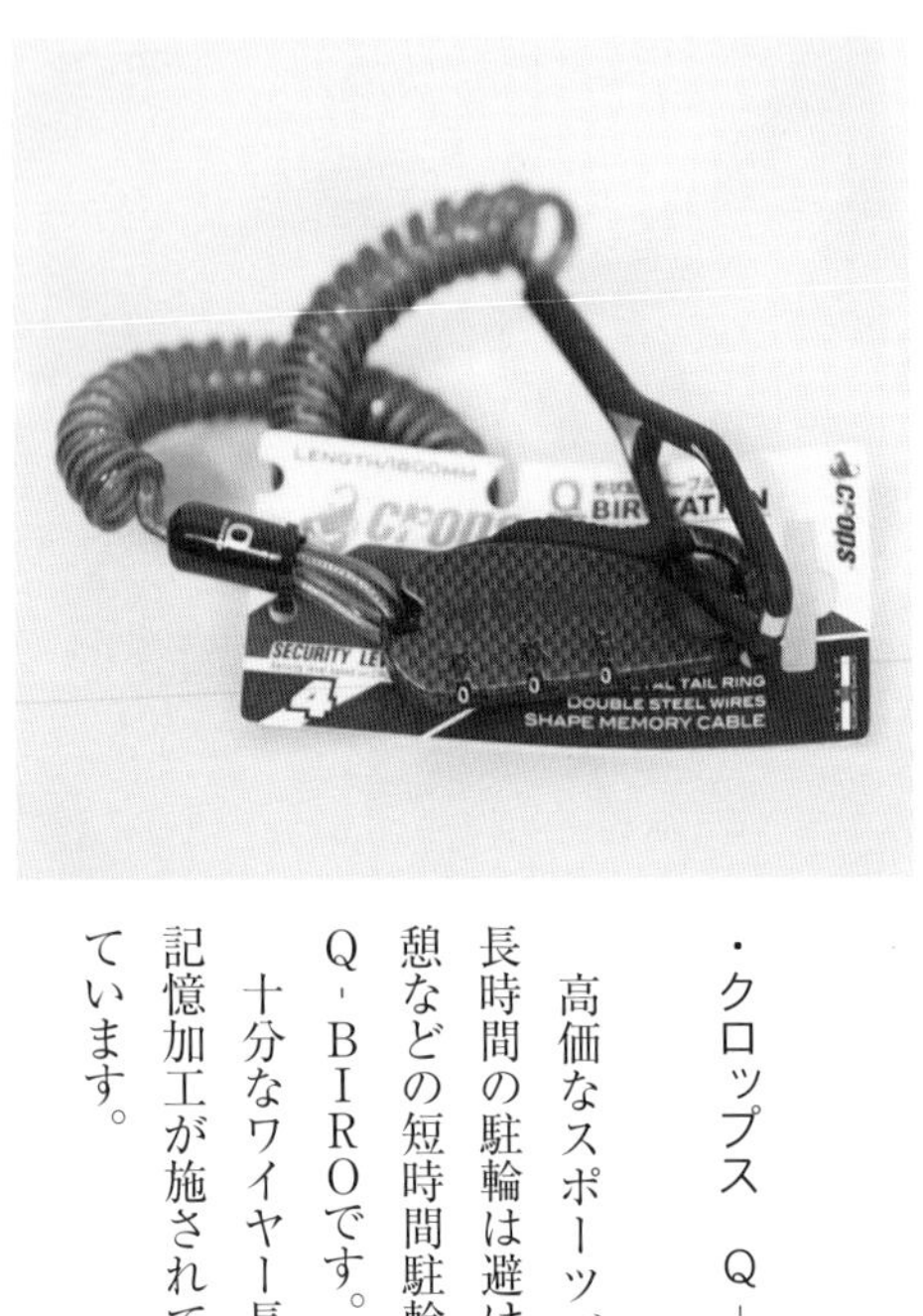

・クロップス　Ｑ－ＢＩＲＯ

高価なスポーツバイクを盗難から防ぐため、長時間の駐輪は避けるべきですが、コンビニ休憩などの短時間駐輪で活躍するのがクロップスＱ－ＢＩＲＯです。

十分なワイヤー長をコイル状になるよう形状記憶加工が施されており、軽量で携帯性に優れています。

4 ショップ店長がすすめる自転車旅

★自走の限界をカバーする輪行

長距離移動が苦にならないスポーツバイク。しかし、現実的な一日の自走距離は200km以下だと思います。そこで「輪行」の登場です。車体を専用バッグに収納、電車やタクシーなどの交通機関に手荷物として持ち込み、自走距離の限界をカバーするのです。軽量で分解容易なスポーツバイクだからこそできる自転車旅のスタイルですね。

輪行は体力と時間の節約を可能にします。一度輪行を経験すると「次回はどこへ行こうか?」「途中でなにをしようか」と、旅のアイディアが、つぎつぎと湧き出してきます。プランを考えるだけでも、楽しい時間を過ごすことができますよ。

★輪行に最適な岡山の環境

古くから交通の要衝地だった岡山、ＪＲ岡山駅の乗り入れ路線数がそれを物語っています。山陽本線、津山線、吉備線（桃太郎線）、瀬戸大橋線、伯備線、赤穂線、宇野線　地方都市のターミナルとしては群を抜いています。

おかげで山陽新幹線の全列車が岡山駅に停車して各路線に接続しています。さらに特急列車が出雲駅、鳥取駅、徳島駅、松山駅、高知駅を2～3時間で結んでいます。

「しまなみ海道」の南北の出発点である尾道、今治の両駅に1～2時間で到着可能なのです。余裕を持ったサイクリングプランを立てることができます。人口密集地ではない地方都市なので、通勤通学時間を除けば乗客数が密にならないことも大きなメリットです。まさに岡山は「輪行天国」といえますね。

★輪行プラン2選

小豆島輪行

島を一周するルート（83㎞）や、寒霞渓のヒルクライムなどサイクリングの王道を叶えてくれる香川県を代表する観光の島が小豆島です。

サイクルオアシス（サイクルスタンド、空気入れ、トイレ、休憩が無料で利用できるスペース）が島を巡る30カ所以上に設置されていて、休憩場所には事欠きません。また、サイクリングレーンには行先、残りの距離、分岐地点などが路面に表示されており、ライドに集中できます。

島に到着したらフェリー港や観光案内所などで無料配布されている香川県観光協会発行の「小豆島一周サイクリングマップ」を入手しましょう。

各港の詳細図、拠点間の距離、ルートの勾配、観光スポットなどサイクリングに特化した情報が満載のマップです。サイクルウエアの背中のポケットにピッタリで、携行しやすく、取り出しやすいサイズも秀逸。本当によくできています。

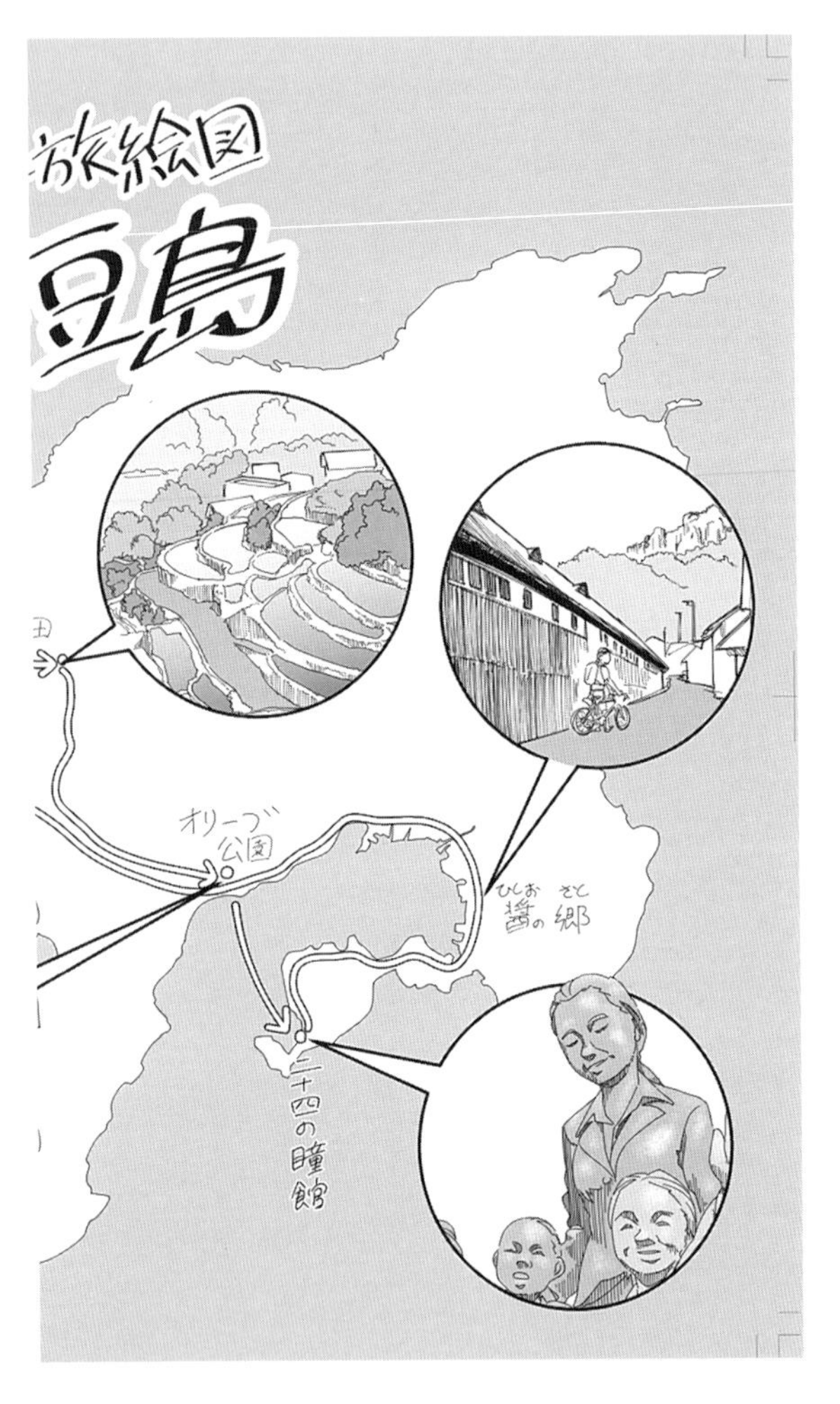
旅絵図
豆島
オリーブ公園
醤の郷
二十四の瞳館

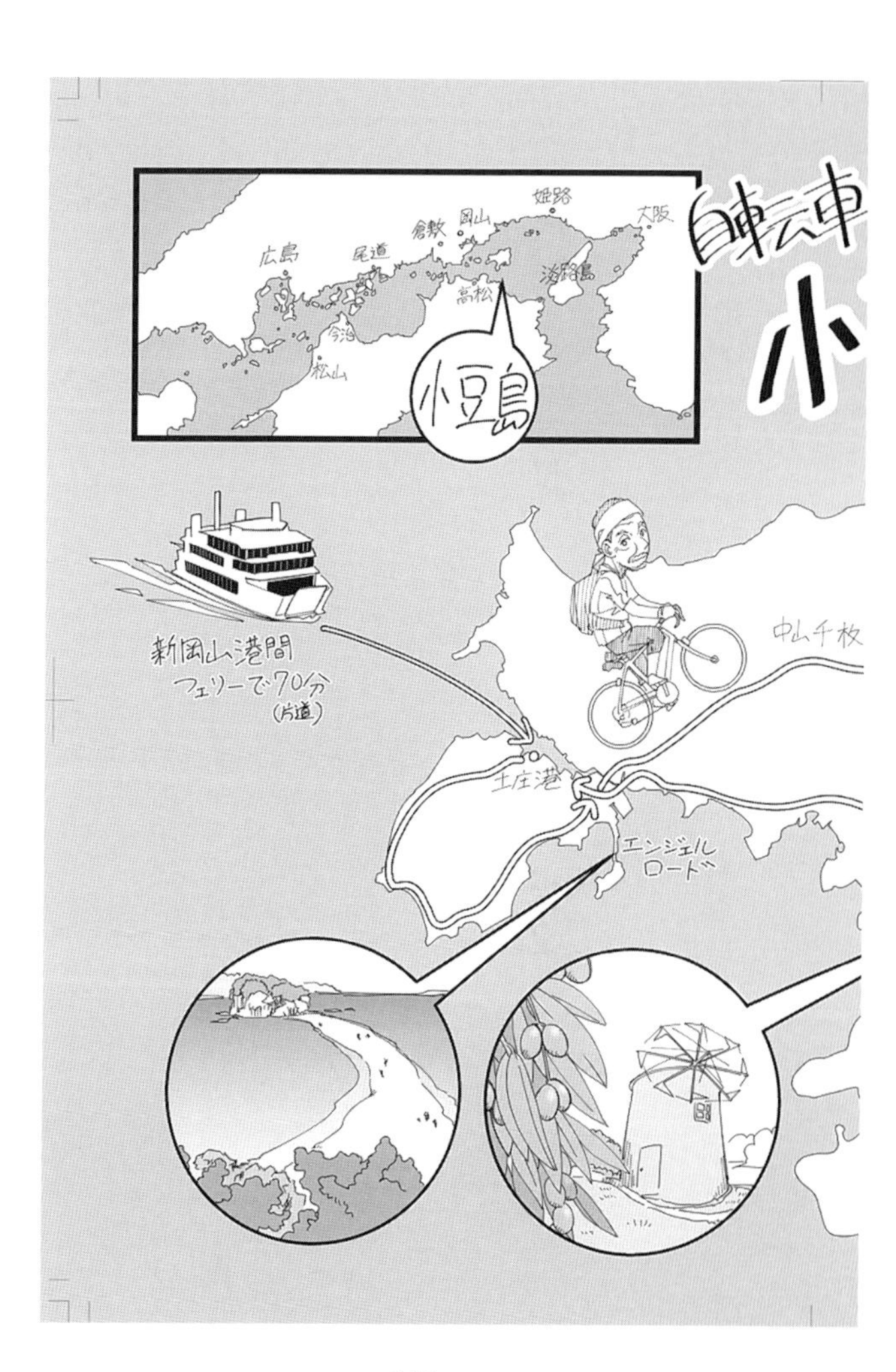

自転車
姫路
岡山
倉敷
大阪
広島
尾道
淡路島
高松
今治
松山
小豆島
新岡山港間
フェリーで70分
(片道)
中山千枚
土庄港
エンジェル
ロード

それでは、サイクリストへのサポートが充実している小豆島の有名な観光スポットを一筆書きで巡る全長約50㎞のルートを紹介します。

新岡山港→土庄港、江洞窟、エンジェルロード→宝生院の日本最大の真柏（シンパク）、中山千枚田→オリーブ公園→【渡し舟で湾を渡る】→二十四の瞳映画村→醤の里、草壁港→土渕海峡、迷路のまち→土庄港→新岡山港

※渡し舟の詳細は→二十四の瞳映画村へ（0879―82―2455）

新岡山港からは定期航路のフェリーが運航されているので輪行バッグは不要ですが、島内でタクシーを利用する際は輪行バッグが必要です。本数は少ないですが、島バスも輪行バックに収納すれば利用できます。トラブル発生や体調不良時の移動手段になるので、輪行バッグは忘れずに準備しましょう。

鞆の浦、尾道

行ったことがないところを走りたいと思う願望を叶えてくれる――それがサイクリング旅です。だから次々と新しい場所を走る計画が多くなります。そんな旅ルートのなかでも福山市の沼隈半島のシーサイドエリアは、同じルートを何度でも訪れ、走りたくなる不思議な場所です。

走行距離は約40～50㎞。帰路を福山にすると30～40㎞に短縮できるのでスケジュール変更も容易です。瀬戸内時間のまどろみを実感できるお勧めルートです。

松永駅まで輪行―県道47号を南下―造船ドック―内海大橋の下をくぐる―阿伏兎観音―県道47号峠のトンネル―旧道に入り鞆の浦―観光、ランチ等―常石港へ―備後商船のフェリーに乗船―尾道港―尾道ラーメン―日帰り入浴―尾道駅から輪行で帰路

鞆の浦・尾道

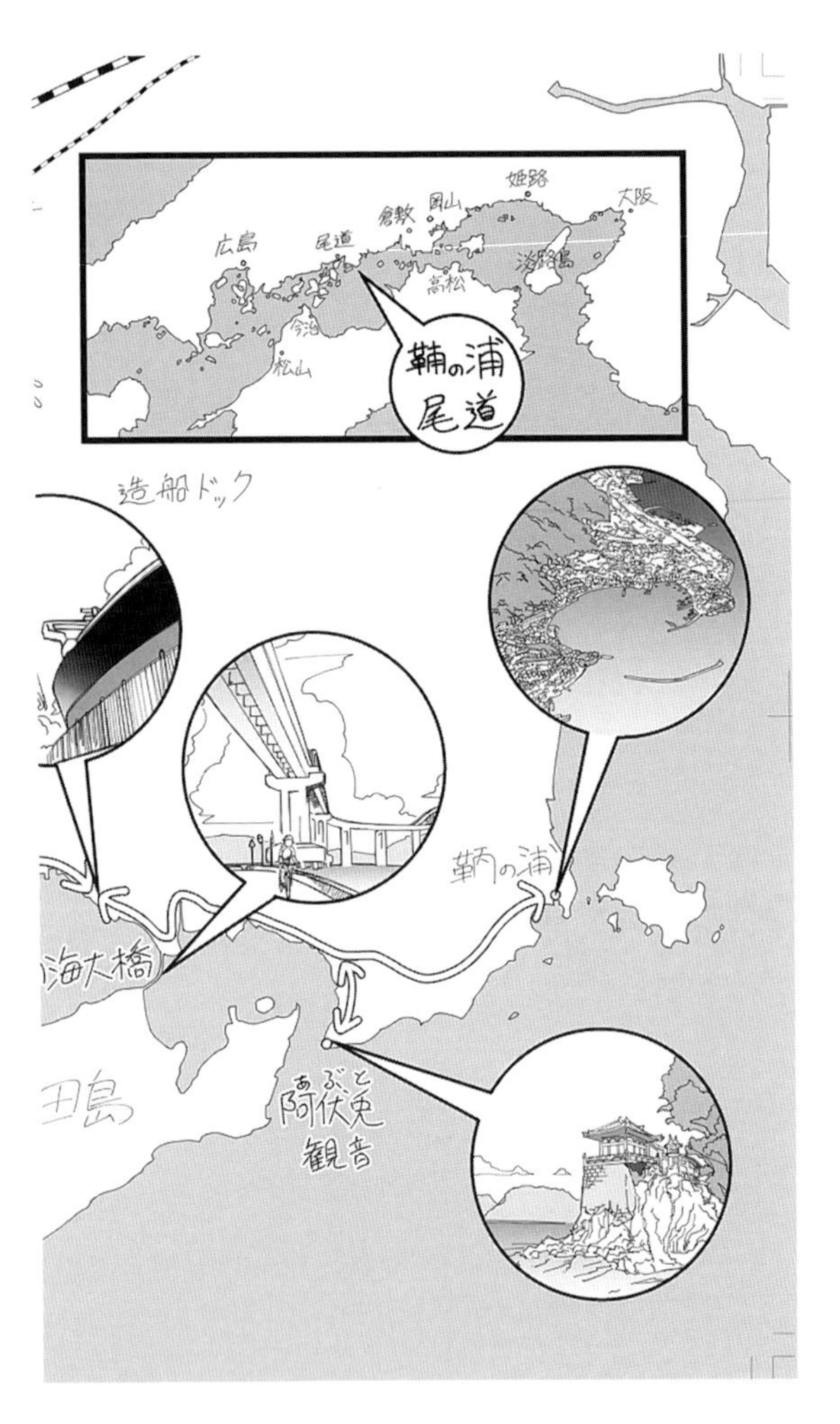

自転車旅絵図
鞆の浦・尾道
山陽本線
松永
新尾道
東尾道
尾道
向島
百島
常石港
フェリー旅

★大人向け片道輪行モデルルート

絵地図はありませんが、大人向けの片道輪行のモデルルートをもうひとつ紹介します。兵庫県の赤穂です。日生経由（特に休日）は交通量が多いのでパスし、和気、三石経由で赤穂市まで自走します。赤穂浪士ゆかりの大石神社に参拝して、地元で愛されているエビとステーキの大衆食堂「かもめ屋」で遅めのランチ。南下して御崎の温泉旅館「銀波荘」で瀬戸内海を望む露天風呂を満喫し、赤穂線終点の岡山まで輪行で帰ります。

おわりに

2017年5月1日、自転車に関する画期的な法律が施行された。「自転車活用推進法」という。二酸化炭素等を発生せず、国民の健康増進に役立つ自転車をもっと活用するため、「国や地方自治体は推進計画を立てなさい」「関係省庁、公共交通機関、住民は連携をとり、推進計画に協力しなさい」「5月5日を自転車の日に定めます」など、従来の規制中心だった自転車関係の法律とは一線を画す未来のための法律だ。

2018年、さっそく国は「自転車活用推進計画」を発表、ついで岡山県も、2019年に「岡山県自転車活用推進計画」をつくり、国と県は連携を取りながら環境や施設等の整備を責務として進めている。

「自転車専用帯を増やす」、「利用方法や精算方式を統一したシェアサイクリングを検討する」、「瀬戸内海を臨む兵庫県、徳島県、香川県、岡山県、愛媛県、広島県が連携してワールドクラスのサイクリングロードをつくる」このような、大きな資金と地域連携が必要なインフラ整備が現実感を持ってくる。

エリアの中心に位置し、東西南北の交通の要衝である岡山県が地域振興と自転車活用において果たす役割は多くなっていくと思われる。
多くの県民がスポーツバイクの世界を正しく知り、健康で豊かな毎日を持続的におくること、そしてこの地域に自信と希望を与えることを期待したい。

２０２１年４月

松岡　淳

〔参考文献〕

マック・スグラスキン著『サイクルサイエンス』（河出書房新社）
クラント・ピーターセン著　『ジャスト・ライド』（株式会社Ｐヴァイン）
『自転車のなぜ　物理のキホン』（玉川大学出版部）
疋田智、小林成基共著　『自転車〝道交法〟ＢＯＯＫ』〈株式会社枻出版社〉
柴田一編集　『岡山県謎解き散歩』（株式会社ＫＡＤＯＫＡＷＡ）
晴れの国おかやま検定２０２０　２０２１（吉備人出版）
藤井聡著　『クルマを捨ててこそ地方は甦る』（株式会社ＰＨＰ研究所）
高坂勝著『減速して生きる』（株式会社幻冬舎）

著者略歴

松岡　淳（まつおか じゅん）

1955年生まれ、東京都出身、倉敷市在住
サラリーマン時代に倉敷から岡山までの通勤をスポーツバイクで16年間継続し、スポーツバイクが持続可能な社会を実現する優れたツールであることを実感。退職後に「サイクルシフト」を設立。サイクルイベント企画、サイクルマップ作成、サイクルガイドなどを通じてスポーツバイクの健全・安全な普及活動を行っている。

岡田宗明（おかだ しゅうめい）

1965年生まれ、岡山市出身、岡山市在住
岡山市内のアパレルショップに27年間勤務。ファッションアイテムとしてスポーツバイクの販売を担当し、スポーツバイクの持つ無限の可能性を知る。2015年に独立。岡山駅西口にスポーツバイク専門店「サイクルZ」をオープン。初心者に優しいショップとして岡山の自転車文化の発信を続けている。

岡山文庫　322　スポーツバイク岡山散走

令和３年５月25日　初版発行

著　者　松岡　淳・岡田宗明
編　集　石井編集事務所書肆亥工房
発行者　荒木裕子
印刷所　株式会社二鶴堂

発行所　岡山市北区伊島町一丁目4-23　日本文教出版株式会社
電話岡山(086)252-3175㈹　振替01210-5-4180(〒700-0016)
http://www.n-bun.com/

ISBN978-4-8212-5322-7

● 岡山県の百科事典

二百万人の

岡山文庫

○数字は品切れ

1. 岡山の植物・西原礼之助
2. 岡山の祭と踊・神野力
(3.) 岡山の焼物・桂又三郎
(4.) 岡山の古墳・鎌木義昌
5. 岡山の民家・鶴藤鹿忠
6. 岡山の文学碑・山本遺太郎
7. 岡山の仏たち・脇田秀太郎
8. 岡山の動物・松本邦夫
9. 岡山の鳥・杉鮫太郎
10. 大原美術館・藤田慎一郎
11. 岡山後楽園・宗定克則・杉鮫太郎
12. 岡山歳時記・吉岡三平
13. 岡山の建築・巌津政右衛門
(14.) 瀬戸内海・緑川洋一
15. 岡山の民芸・外村吉之介
(16.) 吉備路・神野力
17. 岡山の魚・青木五郎
18. 岡山の昆虫・倉敷昆虫同好会
19. 岡山の城と城址・藤井駿・市川俊介
(20.) 岡山の果物・三宅忠一
21. 岡山の風物・岡山県広報協会
22. 吉備の女性・吉岡三平
(23.) 岡山の伝説・立石憲利
24. 岡山の酒・小出巌・西原礼之助
(25.) 岡山の街道・山陽新聞社
(26.) 岡山の絵画・脇田秀太郎・巌津政右衛門
(27.) 水島臨海工業地帯・平方与平
(28.) 岡山の旅・岡山県観光連盟
29. 蒜山高原・二若・富国・徳山
30. 岡山の歌謡・英玲二
(31.) 岡山の遺跡めぐり・間壁忠彦・葭子
(32.) 備前焼・小山冨士夫・藤原雄・中村昭夫
33. 岡山文学風土記・大岩徳二
(34.) 美作路・小山健三
35. 岡山の俳句・塩尻青笳・島津青沙
36. 岡山音楽夜話・保田太郎
37. 閑谷学校・巌津政右衛門・坂本一夫
38. 岡山の川柳・弓削川柳社
39. 岡山の民話・岡山民話の会
(40.) 岡山の刀剣・小林種次
41. 岡山の短歌・杉鮫太郎・藤原幾太郎
42. 岡山の医学・中山沃
43. 岡山の藺草・鈴木尚夫・中村昭夫
(44.) 岡山の人物・黒崎秀明
(45.) 岡山の駅・難波数丸
46. 岡山の現代詩・坂本明子
47. 岡山の交通・藤沢晋
(48.) 岡山の教育・秋山和夫
(49.) 備中神楽・山根堅一・坂本一夫
50. 岡山の民具・鶴藤鹿忠
(51.) 岡山の宗教・長光徳和
52. 吉備津神社・藤井駿・坂本一夫
53. 岡山の貨幣・原三正
(54.) 岡山の古戦場・多和和彦
55. 岡山の石造美術・巌津政右衛門
(56.) 岡山の方言・十河直樹
57. 岡山の歴史・柴田一
58. 岡山事物起源・吉岡三平
(59.) 高梁川・宗田克巳
(60.) 岡山の干拓・吉岡三平・進昌三
61. 岡山の電信電話・萩野秀
62. 吉備高原・宗田克巳
63. 岡山のおもちゃ・吉永義光
64. 吉井川・宗田克巳
65. 岡山の港・巌津政右衛門
66. 岡山の絵馬と扁額・脇田秀太郎
(67.) 旭川・宗田克巳
68. 岡山の温泉・石井猛・圓堂稔
69. 岡山の県政史・蓬郷巌
70. 岡山の道しるべ・巌津政右衛門
71. 岡山の笑い話・稲田浩二・和子
72. 美作の歌舞伎芝居・二宮朔山
(73.) 岡山の民間信仰・三浦秀宥
(74.) 岡山の奇人変人・蓬郷巌
75. 岡山の食習俗・鶴藤鹿忠
76. 岡山の明治洋風建築・中力昭
77. 山陽路の地理散歩・宗田克巳
(78.) 岡山の風俗・蓬郷巌
79. 岡山の海藻・大森長朗
(80.) 岡山の書・佐藤英夫
81. 岡山浮世噺・岡長平
82. 岡山の神社仏閣・市川俊介
83. 中国山地・三浦秀宥・竹内平吉郎
(84.) 岡山の島・巌津政右衛門
85. 岡山の山と峠・宗田克巳
86. 吉備の石ぶみ・井上雄風
(87.) 岡山の怪談・佐藤米司
88. 岡山の自然公園・山陽カメラクラブ
89. 岡山の漁業・西川太
90. 岡山の天文気象・石田五郎・佐橋謙
91. 岡山の郵便・萩野秀
(92.) 岡山の鉱物・沼野忠之
93. 岡山のふるさと村・巌津政右衛門
94. 岡山の経済散歩・吉永義光
95. 岡山の庭・山本利幸・前田勝也
96. 岡山の匠・浅原健
97. 岡山の童うたと遊び・立石憲利
98. 岡山の衣服・福尾美夜
(99.) 岡山の民俗・土井卓治・佐藤米司・鶴藤鹿忠
(100.) 岡山の樹木・西原礼之助・古屋野寛

201. 総社の散策・神野 力／葛原克人／加藤信二
202. 岡山の路面電車・楢原雄一
203. 岡山ふだんの食事・鶴藤鹿忠
204. 岡山のふるさと市・倉敷ぶんか倶楽部
205. 岡山の流れ橋・渡邉隆男
206. 岡山の河川拓本散策・坂本亜紀児
207. 備前を歩く・前川 満
208. 岡山言葉の地図・今石元久
209. 岡山の和菓子・太郎良裕子
210. 吉備真備の世界・中山 薫
211. 柵原散策・片山 薫
212. 岡山の岩石・野瀬重人／沼野忠之
213. 岡山の能・狂言・金関 猛
214. 岡山の鏝絵・赤松壽郎
215. 山田方谷の世界・朝森 要
216. 岡山おもしろウオッチング・おかやま路上観察学会
217. 岡山の通過儀礼・鶴藤鹿忠
218. 日生を歩く・前川 満
219. 備北・美作地域の寺・川端定三郎
220. 岡山の親柱と高欄・渡邉隆男
221. 西東三鬼の世界・小見山 輝
222. 岡山の花粉症・三好・難波・岡野・山本
223. 操山を歩く・谷淵陽一
224. おかやま山陽道の拓本散策・坂本亜紀児
225. 霊山熊山・仙田 実
226. 岡山の正月儀礼・鶴藤鹿忠
227. 原子物理学の父 仁科芳雄・井上 泉／イシイ省三
228. 赤松月船の世界・定金恒次
229. 邑久を歩く・前川 満
230. 岡山の宝箱・臼井洋輔／臼井隆子
231. 平賀元義を歩く・渡部秀人／竹内佑宜
232. 岡山の中学校運動場・奥田澄二
233. おかやまの桃太郎・市川俊介
234. 岡山のイコン・植田心壮
235. 神島八十八ヶ所・坂本亜紀児
236. 倉敷ぶらり散策・倉敷ぶんか倶楽部
237. 作州津山 維新事情・竹内佑宜
238. 坂田一男と素描・妹尾克己／イシイ省三
239. 岡山の作物文化誌・臼井英治
240. 児島八十八ヶ所霊場巡り・倉敷ぶんか倶楽部
241. 岡山の花ごよみ・前川 満
242. 英語の達人・本田増次郎・小原 孝
243. 城下町勝山ぶらり散策・橋本惣司／倉敷ぶんか倶楽部
244. 高梁の散策・朝森 要
245. 薄田泣菫の世界・黒田えみ
246. 岡山の動物昔話・立石憲利／江草昭治
247. 岡山の木造校舎・河原 馨
248. 玉島界隈ぶらり散策・小野敏也／倉敷ぶんか倶楽部
249. 岡山の石橋・北脇義友
250. 哲西の先覚者・加藤章三
251. 作州画人伝・竹内佑宜
252. 笠岡諸島ぶらり散策・NPO法人かさおか島づくり海社
253. 磯崎眠亀と錦莞莚・吉原 睦
254. 岡山の考現学・おかやま路上観察学会
255. 「備中吹屋」を歩く・前川 満
256. 上道郡沖新田・安倉清博
257. 続・岡山の作物文化誌・臼井英治
258. 土光敏夫の世界・猪木正実
259. 吉備のたたら・岡山地名研究会
260. いろはで綴る ボクの子供事典・赤枝郁郎
261. 民話の里 鏡野町伝説紀行・立石憲利／片田知宏
262. 笠岡界隈ぶらり散策・ぶらり笠岡友の会
263. つやま自然のふしぎ館・森本信一
264. 岡山の山野草と野生ラン・小林克己
265. 文化探検 岡山の甲冑・臼井洋輔
266. ママカリ ヒラに まったりサーラ・窪田清一
267. 岡山の駅舎・河原 馨
268. 守分 十の世界・猪木正実
269. 備中売薬・土岐隆信／木下 浩
270. 倉敷市立美術館・倉敷市立美術館
271. 津田永忠の新田開発の心・柴田 一
272. 岡山ぶらりスケッチ紀行・南 一平／網本善光
273. 倉敷美観地区 歴史と民俗・吉原 睦
274. 森田思軒の世界・倉敷ぶんか倶楽部
275. 三木行治の世界・猪木正実
276. 岡山路面電車各駅街歩き・倉敷ぶんか倶楽部
277. 赤磐きらり散策・高畑富子
278. 岡山民俗館 民具一〇〇選・岡山民俗学会
279. 笠岡市立竹喬美術館・笠岡市立竹喬美術館
280. 岡山の夏目金之助(漱石)・横山俊之／熊代正英
281. 吉備の中山を歩く・熊代哲士／熊代建治
282. 備前刀 日本刀の王者・佐藤寛介／植野哲也
283. 繊維王国おかやま今昔・猪木正実
284. 温羅伝説・中山 薫
285. 現代の歌聖 清水比庵・笠岡市立竹喬美術館
286. 鴨方往来拓本散策・坂本亜紀児
287. 玉島 旧柚木家ゆかりの人々・倉敷ぶんか倶楽部
288. カバヤ児童文庫の世界・岡 長平
289. 野﨑邸と野﨑武左衛門・猪木正実
290. 岡山の妖怪事典 妖怪編・木下 浩
291. 松村緑の世界・黒田えみ
292. 吉備線各駅ぶらり散策・倉敷ぶんか倶楽部
293. 「郷原漆器」復興の歩み・高山雅之
294. 作家たちの心のふるさと・加藤章三
295. 自画像の異彩画家 河原修平の世界・倉敷ぶんか倶楽部
296. 岡山の妖怪事典 鬼・天狗・河童編・木下 浩
297. 歴史・伝承・文学・アート 岡山の魅力再発見・柳生尚志
298. 井原石造物歴史散策・大島千鶴
299. 岡山の銀行 合併・淘汰の150年・猪木正実
300. 吹屋ベンガラ・臼井洋輔